SpringerWienNewYork

Baukonstruktionen
Band 11

Herausgegeben von
Anton Pech

Anton Pech
Georg Pommer
Johannes Zeininger

Fenster

unter Mitarbeit von
Christian Pöhn
Angelika Zeininger
Michael Chval

SpringerWienNewYork

Dipl.-Ing. Dr. techn. Anton Pech
Dipl.-Ing. Georg Pommer
Dipl.-Ing. Johannes Zeininger
Wien, Österreich

unter Mitarbeit von

Dipl.-Ing. Dr. Christian Pöhn
Dipl.-Ing. Angelika Zeininger
Michael Chval
Wien, Österreich

Der Abdruck der zitierten ÖNORMen erfolgt mit Genehmigung des Österreichischen Normungsinstitutes, Heinestraße 38, 1020 Wien.
Benutzungshinweis: ON Österreichisches Normungsinstitut, Heinestraße 38, 1020 Wien, Tel. ++43-1-21300-805, Fax ++43-1-21300-818, E-mail: sales@on-norm.at.

Das Werk ist urheberrechtlich geschützt.
Die dadurch begründeten Rechte, insbesondere die der Übersetzung, des Nachdruckes, der Entnahme von Abbildungen, der Funksendung, der Wiedergabe auf photomechanischem oder ähnlichem Wege und der Speicherung in Datenverarbeitungsanlagen, bleiben, auch bei nur auszugsweiser Verwertung, vorbehalten.

© 2005 Springer-Verlag/Wien
Printed in Austria

Die Wiedergabe von Gebrauchsnamen, Handelsnamen, Warenbezeichnungen usw. in diesem Buch berechtigt auch ohne besondere Kennzeichnung nicht zu der Annahme, dass solche Namen im Sinne der Warenzeichen- und Markenschutz-Gesetzgebung als frei zu betrachten wären und daher von jedermann benutzt werden dürften. Produkthaftung: Sämtliche Angaben in diesem Fachbuch/wissenschaftlichen Werk erfolgen trotz sorgfältiger Bearbeitung und Kontrolle ohne Gewähr. Insbesondere Angaben über Dosierungsanweisungen und Applikationsformen müssen vom jeweiligen Anwender im Einzelfall anhand anderer Literaturstellen auf ihre Richtigkeit überprüft werden. Eine Haftung der Herausgeber, der Autoren oder des Verlages aus dem Inhalt dieses Werkes ist ausgeschlossen.

Textkonvertierung und Umbruch: Grafik Rödl, 2486 Pottendorf, Österreich
Druck und Bindearbeiten: Druckerei Theiss GmbH, 9431 St. Stefan, Österreich

Gedruckt auf säurefreiem, chlorfrei gebleichtem Papier – TCF
SPIN: 10999905

Mit zahlreichen (teilweise farbigen) Abbildungen

Bibliografische Information Der Deutschen Bibliothek
Die Deutsche Bibliothek verzeichnet diese Publikation in der Deutschen Nationalbibliografie, detaillierte bibliografische Daten sind im Internet über <http://dnb.ddb.de> abrufbar.

ISSN 1614-1288
ISBN-10 3-211-21500-X SpringerWienNewYork
ISBN-13 978-3-211-21500-5 SpringerWienNewYork

VORWORT ZUR 1. AUFLAGE

Die Fachbuchreihe Baukonstruktionen mit ihren 17 Basisbänden stellt eine Zusammenfassung des derzeitigen technischen Wissens bei der Errichtung von Bauwerken des Hochbaues dar. Es wird versucht, mit einfachen Zusammenhängen oft komplexe Bereiche des Bauwesens zu erläutern und mit zahlreichen Plänen, Skizzen und Bildern zu veranschaulichen. Dieser Band behandelt den Bauteil „Fenster" als Öffnung in der Wand. Ausgehend von einer architektonischen Betrachtung wird ein struktureller Überblick der gebräuchlichen Fenstertypen gegeben. Das Fenster wird systematisch nach seinen Bauelementen, konstruktiv, normativ und bauphysikalisch betrachtet. Dabei wird versucht, der technologischen Entwicklung Rechnung tragend, die Vielzahl an modernen Fensterkonstruktionen und deren Baukörperanschlüssen in eine Genealogie des Fensters einzureihen.

Fachbuchreihe BAUKONSTRUKTIONEN

- Band 1: Bauphysik
- Band 2: Tragwerke
- Band 3: Gründungen
- Band 4: Wände
- Band 5: Decken
- Band 6: Keller
- Band 7: Dachstühle
- Band 8: Steildach
- Band 9: Flachdach
- Band 10: Treppen / Stiegen
- **Band 11: Fenster**
  - ▶ Grundlagen
  - ▶ Typenentwicklung
  - ▶ Funktionen und Anforderungen
  - ▶ Verglasungs- und Beschlagstechnik
  - ▶ Baukörperanschlüsse
- Band 12: Türen und Tore
- Band 13: Fassaden
- Band 14: Fußböden
- Band 15: Heizung und Kühlung
- Band 16: Lüftung und Sanitär
- Band 17: Elektro- und Regeltechnik

INHALTSVERZEICHNIS

110.1	Grundlagen		1
	110.1.1	Die Öffnung in der Fassade	1
		110.1.1.1 Fenster – Wand	2
		110.1.1.2 Das Fenster in der Moderne	2
	110.1.2	Fenstertypen im Kontext des Entwurfs	5
		110.1.2.1 Das Lochfenster	5
		110.1.2.2 Das Bandfenster	6
		110.1.2.3 Das Fenster als Schlitz	8
		110.1.2.4 Das Fenster als transparente Wand	8
		110.1.2.5 Das Fenster in der nachhaltigen Planung	9
	110.1.3	Das Bauelement Fenster	10
		110.1.3.1 Die Lage des Fensters in der Leibung	10
		110.1.3.2 Der Anschlag des Fensters	14
		110.1.3.3 Der Einbau des Fensters	16
	110.1.4	Terminologie	18
	110.1.5	Abmessungen	20
	110.1.6	Vorschriften	21
110.2	Typenentwicklung		25
	110.2.1	Fenstertypen, Öffnungsarten	25
		110.2.1.1 Drehflügelfenster	25
		110.2.1.2 Stulpfenster	26
		110.2.1.3 Dreiflügeliges Fenster ohne Pfosten	26
		110.2.1.4 Drehkippfenster	26
		110.2.1.5 Schiebefenster	26
		110.2.1.6 Schwingflügelfenster	27
		110.2.1.7 Wendefenster	27
		110.2.1.8 Fenstertüren	27
		110.2.1.9 Hebedrehtüren	27
		110.2.1.10 Kipp-Schiebe-Elementfenster	28
	110.2.2	Konstruktionen	28
		110.2.2.1 Falzausbildungen	28
		110.2.2.2 Fenster mit Einfachverglasung	29
		110.2.2.3 Kastenfenster	30
		110.2.2.4 Verbundfenster	31
		110.2.2.5 Fenster mit Isolierverglasung	31
		110.2.2.6 Dachflächenfenster	31
	110.2.3	Materialien	32
		110.2.3.1 Holz und Holzwerkstoffe	32
		110.2.3.2 Aluminium	40
		110.2.3.3 Holz-Aluminiumprofile	41
		110.2.3.4 Kunststoff	43
		110.2.3.5 Stahl	46
		110.2.3.6 Holz-Kunststoff	47
		110.2.3.7 Kunststoff-Aluminium	47
		110.2.3.8 Verbundwerkstoffe	48
		110.2.3.9 Hochwärmegedämmte Profile	49
110.3	Funktionen und Anforderungen		55
	110.3.1	Widerstandsfähigkeit bei Windwirkung	55

	110.3.2	Luft- und Schlagregendichtheit	57
	110.3.3	Licht- und strahlungstechnische Eigenschaften	62
		110.3.3.1 Doppelscheiben- und Isolierglaseffekt	62
		110.3.3.2 Beschichtungstechnologie	63
	110.3.4	Belichtung	64
	110.3.5	Sonnen- und Blendschutz	65
		110.3.5.1 Sonnenschutz	65
		110.3.5.2 Markisen	70
		110.3.5.3 Rollladen	70
		110.3.5.4 Lamellen- oder Raffstore (Jalousien)	71
		110.3.5.5 Fensterläden	72
		110.3.5.6 Blendschutz	72
		110.3.5.7 Lichtlenksystem mittels Lamellen	73
	110.3.6	Bauphysik	75
		110.3.6.1 Wärmeschutz	75
		110.3.6.2 Schallschutz	83
		110.3.6.3 Brandschutz	88
		110.3.6.4 Feuchtigkeitsschutz	88
	110.3.7	Statik	91
		110.3.7.1 Mechanische Beanspruchung	92
		110.3.7.2 Festigkeit	92
		110.3.7.3 Bedienkräfte	93
	110.3.8	Sonderfunktionen	94
		110.3.8.1 Lawinenschutzfenster	94
		110.3.8.2 Schusssicherheit	95
		110.3.8.3 Selbstreinigung	96
110.4	Verglasungs- und Beschlagstechnik		105
	110.4.1	Glasarten	105
		110.4.1.1 Mehrscheiben-Isolierglas	109
		110.4.1.2 Zweifach-Isolierglas mit Wärmedämmbeschichtung	110
		110.4.1.3 Dreifach-Isolierglas	110
		110.4.1.4 Drahtglas	110
		110.4.1.5 Einscheibensicherheitsglas „ESG"	111
		110.4.1.6 Emailliertes Glas	111
		110.4.1.7 Verbundsicherheitsglas „VSG"	112
		110.4.1.8 Teilvorgespanntes Glas „TVG"	113
		110.4.1.9 Brandschutzglas der Feuerwiderstandsklasse „G"	113
	110.4.2	Glaseinbau	114
	110.4.3	Glasstatik	116
		110.4.3.1 Senkrechte Verglasungen	117
		110.4.3.2 Schrägverglasungen	119
	110.4.4	Beschläge	121
		110.4.4.1 Material für Beschläge	122
		110.4.4.2 Einteilung der Beschläge	122
		110.4.4.3 Bänder	123
		110.4.4.4 Oliven	125
		110.4.4.5 Verriegelungen	126
		110.4.4.6 Dreh-Kipp-Beschlag	126
		110.4.4.7 Kipp-Schiebe-Beschlag	127
		110.4.4.8 Dachflächenfenster	128
110.5	Baukörperanschlüsse		135
	110.5.1	Befestigungstechnik	136

	110.5.1.1	Toleranzen bei der Montage	139
	110.5.1.2	Stockmontage	140
	110.5.1.3	Blindstockmontage	140
110.5.2	Anschlussfuge Fenster-Wand		141
	110.5.2.1	Abdichtungssysteme	143
	110.5.2.2	Dämmung der Anschlussfuge	146
	110.5.2.3	Fensterbänke	147

Quellennachweis 149

Literaturverzeichnis 151

Sachverzeichnis 155

110.1 GRUNDLAGEN

Fenster sind Elemente der Außenhaut eines Gebäudes, deren primäre Aufgaben in der natürlichen Belichtung bzw. (bei öffenbaren Fenstern) in der Belüftung eines Raumes liegen. In bauphysikalischer Hinsicht stellen sie aufgrund ihrer besonderen Aufgabenstellung Schwachstellen in der Bauwerkshülle dar. Dies erfordert die sorgfältige Ausbildung der Fensterkonstruktion selbst wie auch deren Anschluss an die raumumschließenden Elemente. Zusammengefasst sind folgende Anforderungen zu berücksichtigen:

- Definition der Lage und Proportion in der Wandkonstruktion,
- Auslegung der Belichtung in Abhängigkeit von der Raumnutzung,
- Beständigkeit gegen Witterungsbeanspruchung von außen,
- Beständigkeit gegen Wasserdampfbeanspruchung von innen,
- mechanische Festigkeit zur Aufnahme der Windlast,
- Wärmeschutz,
- Schallschutz,
- Blendschutz,
- Brandschutz.

Moderne Fensterkonstruktionen mit Mehrfachverglasungen sind dabei in der Lage, die teilweise entgegengesetzt gerichteten Forderungen aus großer Belichtungsfläche und hohem Schall- und Wärmeschutz weitgehend zu erfüllen. Sie stellen infolgedessen ein wesentliches Element im bauphysikalisch optimierten Neubau und bei der Revitalisierung der Altbausubstanz dar.

Für die Raumkunst sind Fenster ein wesentliches Gestaltungselement, mit der in der Architektur Außen- und Innenbezug zwischen Räumen hergestellt wird. Der architektonische Entwurf nutzt das Thema Wand – von der einfachen Öffnung bis hin zur transparenten Wand –, um differenzierte Raumstimmungen zu schaffen.

110.1.1 DIE ÖFFNUNG IN DER FASSADE

Die Anordnung der Fenster in den Wänden prägt entscheidend die architektonische Erscheinung des Gebäudes. Sie beeinflussen sowohl die Struktur des Fassadenaufbaus als auch den Raumeindruck der dahinter liegenden Räume. Die Wirkung von Öffnungen ist daher bei der Planung nach beiden Seiten hin zu berücksichtigen. Wesentliche Aspekte für das Fenster als Gestaltungselement sind:

- dessen Lage in der Gebäudeansicht,
- dessen Lage in der Ansicht aus dem Innenraum,
- dessen Lage im Fassadenquerschnitt,
- dessen Abmessungen im Verhältnis zu den Gebäude-/Raummaßen,
- die Unterteilung der Glasfläche,
- die optischen Eigenschaften des Glases (Reflexionsgrad, Färbung etc.),
- die Ansichtsbreiten der Rahmenkonstruktionen,
- die Lage der Glasebene in Bezug zum Fensterprofilschnitt,
- die Ausrüstung mit Zusatzausstattungen für Sonnenschutz, Verdunklung etc.

110.1.1.1 FENSTER – WAND

Aussparungen in Wänden, Decken und Dächern werden als Öffnungen bezeichnet. Öffnungen verbinden Räume, d.h. sie stellen Verbindungen in funktioneller und/oder visueller Hinsicht zwischen ansonst abgeschlossenen Räumen her, Fenster bilden den Abschluss von Öffnungen. Das öffenbare Standardfenster besteht zumindest aus einem Stock- und Flügelrahmen, wovon ersterer in die Öffnung der Wand „angeschlagen" wird. Mit Anschlag ist damit die Kontaktfläche zwischen Fenster und Bauwerk gemeint. Dieser Anschlag kann unterschiedlich erfolgen. Fensterelement und Leibung „bilden ein konstruktives Junktim" [38], gemeinsam werden sie konstruktiv und gestalterisch wirksam.

Abbildung 110.1-01: Regelschnittbereiche einer Fensterkonstruktion

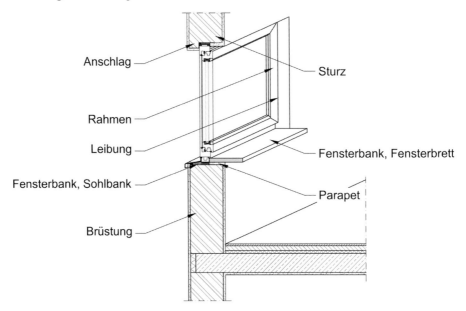

Durch die Gestaltung und Dimensionierung der Fensteröffnung wird das Verhältnis zwischen außen und innen wesentlich definiert. Durch die Wahl des Rahmenmaterials und der Konstruktion sowie der Verglasung werden Aspekte des Sichtbezugs und der Ausleuchtung mit Tageslicht zusätzlich beeinflusst. Im Entwurfskonzept spielt die „Lichtführung" bei der Raumgestaltung eine wesentliche Rolle. Licht, das direkt oder diffus einstrahlen kann, wird dabei gelenkt, dosiert, gefiltert und/oder reflektierend eingesetzt. Der Leibung und ihrer Ausbildung ist dabei besonderes Augenmerk zu schenken.

110.1.1.2 DAS FENSTER IN DER MODERNE

Bis zum 20. Jahrhundert war das traditionelle, vertikal orientierte Fenster für die Öffnungsgestaltung maßgeblich. Konstruktive Randbedingungen wie große Mauerstärken, geringe Spannweiten im Überlagerbereich durch Balken oder Bögen und kleine Glasscheiben haben diesen Typus geformt. Mit dem technologischen Fortschritt und neuen Baumaterialien, allen voran den konstruktiven Möglichkeiten des Eisenbetons wurden, diese Fesseln gesprengt.

Die Öffnung in der Fassade

Beispiel 110.1-01: (1) Villa Tzara, Paris (FR), Adolf Loos 1926–27 [13]
(2) Villa Stein de Monzie, Garches (FR), Le Corbusier & Jeanneret 1927 [13]

Mit Beginn der Moderne wurde das Fenster als Grundelement von Architektur einer grundsätzlichen Debatte unterzogen, in der die Ausformung von Öffnungen in der Fassade kontroversiell abhandelt wurden. Le Corbusier, als einer der wichtigsten Neuerer, sah im „*Langfenster*", ein von ihm eingeführter Begriff, einen revolutionären Aspekt neuen Bauens. In der Debatte wurden technische Argumente zu den Themen Licht, Luft und Sonne, der Teilung der Funktionen des Fensters in Aussicht, Belichtung und Lüftung, der technischen Innovation bei der Baustruktur, der Materialtechnologie und Konstruktionsweise eingesetzt. Die Wirkung der Fensterform auf den Raumeindruck kann in Fenstertypen strukturiert werden.

Beispiel 110.1-02: (1) Mehrfamilienhäuser, Zürich (CH), M. Bräuer, A & E Roth 1935–36 [13]
(2) Bioscoop-Gebäude, Utrecht (NL), Gerrit T. Rietveld 1934–36 [13]

Dem traditionellen Fenster, das ungebrochen über Epochen und Kulturen hinweg als vertikal orientierte Rechtecköffnung Verwendung findet, wird anthropomorphe Affinität zur aufgerichteten Gestalt des Menschen zuerkannt. In der Form des hochgestellten Rechtecks kann ein „*harmonischer*" Ausblick in die Außenwelt genommen werden. Basis dieser Empfindung ist ein seit der Renaissance praktizierter Bildaufbau in Vorder-, Mittel- und Hintergrund entsprechend den Gesetzen der Linienperspektive, der Tiefenschärfe für den Betrachter entstehen lässt. Die Fensteröffnung wird als

Rahmung eines Guckkastens in die Welt formuliert. Das Außen-/Innenverhältnis ist als Schwelle klar definiert. Aus einer behausten Situation ermöglicht der Blick durch das Fenster eine gesicherte Kontaktaufnahme mit den Objekten draußen in der Tiefe der Außenwelt. Garten, Straße, Personen im Vordergrund, Häuser, Bäume, Natursilhouetten im Mittelgrund und das Firmament im Hintergrund.

Beispiel 110.1-03: (1) Altes AKH, Wien (A),1884, Umbau 1991–97 [35]
(2) Villa Kuhner, Semmering (A), Adolf Loos 1931 [35]

Das Bandfenster (Langfenster), im Idealfall ansatzlos die Gesamtbreite des Innenraums einnehmend, vermittelt dem Betrachter dagegen ein Panoramabild der Außenwelt. In seiner horizontalen schlitzhaften Abwicklung fokussiert es den mittleren Bereich des traditionellen Bildausschnitts und wird durch die Rücknahme der Tiefenschärfe zum flächigen Bildträger der Außenwelt. Ähnliche Tendenzen sind in der Entwicklung der modernen Malerei am Weg zur abstrakten Darstellung festzustellen. Durch den Verzicht auf vedoutenhafte Bildrahmung, auf perspektivgetreuen Bildaufbau und die Rücknahme einer stofflich gerechten Darstellung wird im Bildaufbau der Weg für eine flächenhafte Darstellung eingeebnet.

Beispiel 110.1-04: (1) Miethaus Embassy Court, Brighton (GB), Wells & Coates ~1936 [31]
(2) Kinderheim, Bad Imnau (D), 1952 [31]

Mit der Auflösung ganzer Wände und Fassaden in transparente Hüllen wird die Schwelle weiter zurückgenommen, ohne jedoch den Gegensatz von Außen- und Innenraum zur Gänze auflösen zu können. Die Verschärfung dieser Paradoxie des Fensters als öffnendes, Einlass gebendes und doch zugleich trennendes Objekt steigert die emotionale Aufladung als Architekturelement und macht die Fenstergestaltung zu einem der ausdruckstärksten Mittel der Architektur.

Beispiel 110.1-05: (1) Haus Tugendhat, Brünn (CZ), Mies van der Rohe 1930 [13]
(2) Stockholmer Ausstellung (S), E. Gunar Asplund 1930 [13]

110.1.2 FENSTERTYPEN IM KONTEXT DES ENTWURFS

Bei der Gebäudekonzeption nimmt die Fassadengestaltung und damit auch das Konzept der Öffnungen einen wesentlichen Stellenwert ein. Der Außen-/Innenbezug muss auf konstruktiver, energetischer, gestalterischer, belichtungstechnischer und emotioneller Ebene bewältigt werden. Es lassen sich bei der Dimensionierung von Fenstern mehrere Typenlösungen unterscheiden.

110.1.2.1 DAS LOCHFENSTER

Als traditionelle Form, lange vorwiegend als stehendes Rechteck eingesetzt, sind heute, durch bautechnologischen Fortschritt, auch liegende und freie Formen möglich.

Beispiel 110.1-06: Erweiterung Rathaus, Göteborg (S), E. Gunar Asplund 1934–37 [13]

Auf einer ersten Bedeutungsebene ist das Lochfensters als Ergebnis einer „Stanzung" in der Wand zu sehen. Auf einer zweiten Ebene verweist der Canon der Öffnungswiederholung auf die stilistische und baukulturelle Architekturentwicklung. Auf der Feinebene ist die Art der Stanzung von Bedeutung. Diese wird bestimmt von der Wandstärke, dem Wandaufbau, der Ausbildung der Wandleibung, der Lage der Fensterebene in Bezug auf Fassaden- und Innenwandebene und der Fensterkonstruktion und deren Ausrüstung selbst.

Beispiel 110.1-07: (1) Guaranty Trust Building, Chicago (US), Louis Sullivan 1895 [13]
(2) Haus Steiner, Wien (A), Adolf Loos 1910 [13]

Durch eine serielle Reihung von Lochfenstern (meist bedingt durch eine skeletthafte Auflösung der Wandkonstruktion) wird ein Übergangstypus zum Bandfenster geschaffen, bei dem der Zusammenhalt der Fassadenfläche noch gewahrt bleibt.

Beispiel 110.1-08: (1) Industriebau (D), Egon Eiermann 1938 [31]
(2) Lungensanatorium, Paimio (SF), Alvar Aalto 1929 [13]

110.1.2.2 DAS BANDFENSTER

Durch die Fassade schlitzartig durchschneidende Bandfenster wird die Auflösung des klassischen tektonischen Aufbaus der Fassadenwand zu Gunsten einer Trennung in

Tragwerk und Hülle signalisiert. Skelett und Schottenbauweise spielen die Fassadenwände für durchgehende bzw. Gebäude umlaufende Fensterbänder frei. Eine schwebende horizontale Schichtung von tektonisch wirksamen Elementen kann dadurch erreicht werden. Le Corbusiers „*plan libre*", oder frühe Entwürfe von Mies van der Rohe, die eine Trennung von tragenden Stützen und der Fassade programmatisch fordern, weisen den Weg zu einer freien Fassadengestaltung. Die Fassadengestaltung koppelt dadurch immer mehr von der primären Baustruktur ab und wird im Bauablauf eine Folgeetappe des Rohbaus.

Beispiel 110.1-09: Bürogebäude, Entwurf, Mies van der Rohe 1929 [9]

Das Eckfenster, als Ergebnis der Abwicklung eines Bandfensters um eine Fassadenecke, ist in dieser Entwicklungslinie von signalhafter Bedeutung, indem es die räumliche Sprengung der tektonischen Hülle eines Gebäudes erlaubt. Die „*freie Ecke*" erlangte damit Synonymcharakter für die Möglichkeiten des Neuen Bauens. Der technologische Fortschritt ermöglicht heute fast stoßlose transparente Eckausbildungen in der Fenstertechnik, die die Illusion des zum Außenraum hin schwellenlos geöffneten Innenraums noch um einen Schraubengang weiter anzudrehen vermögen.

Beispiel 110.1-10: (1) Betriebsgebäude, Basel (CH), Otto R. Salvisberg 1936–37 [13]
(2) Trennung Konstruktion (Pilzstützen) und Fassade [13]

1   2

Beim Planungsprozess ist auf den Unterschied der Innenanforderungen an das Bandfenster und die gewünschte Außenwirkung hinzuweisen, wenn das Fensterband sich über mehrere Innenräume hinweg erstreckt. In der Regel wird dabei in der

Außenwirkung eine möglichst kontinuierliche und entmaterialisierte Lösung gesucht, während raumseitig ein einwandfreier, oft schall- und brandtechnischer anspruchsvoller Zwischenwandanschluss an das Fensterelement gewährleistet werden muss.

110.1.2.3 DAS FENSTER ALS SCHLITZ

Schlitzartige „*Befensterung*" meint eine stark ausgeprägte Vertikalorientierung der Öffnung, die die Fassadenwand bevorzugt geschoßhoch unterbricht. Das Gesichtsfeld wird dabei in der Regel stark beschnitten, lässt aber einen differenzierten Blick in die Tiefe des Außenraums zu. Die Belichtungseigenschaften dieses Typs von Fenster sind als Sonderfall anzusehen, da durch die „*Schartung*" der Fassade das Tageslicht stark geprägt vom Sonnenstand in den Raum einfällt. Durch die pointierte Anordnung der Wandschlitze in einer (oder beiden) Raumecke der Außenwand kann mithilfe des im Übermaß anfallenden Streiflichts eine stark polarisierte Belichtungssituation sowie Raumstimmung geschaffen werden. Dieses Fensterkonzept findet vorzugsweise im Ausstellungs- und Museumsbau seine Anwendung. Auf den Gesamtbaukörper bezogen kann die Schlitzführung dreidimensional weiterentwickelt und die räumliche Fügung von massiven Hüllflächen durch die Betonung der Kontaktzonen nachvollziehbar gestaltet werden.

Beispiel 110.1-11: (1) Museum Centre Pasquart, Biel (CH), Diener & Diener 1999 [3]
(2) MuseumsQuartier, Wien (A), Ortner & Ortner 2002 [3]

110.1.2.4 DAS FENSTER ALS TRANSPARENTE WAND

Beispiel 110.1-12: Kristallpalast, London (GB), Joseph Paxton 1851 [13]

Die Forderung der Moderne nach Luft, Licht und Sonne findet eine weitgehende Umsetzung in der Ausbildung der Fassade als transparente Fassadenkonstruktion. Einhergehend mit der Entwicklung der Verglasungstechnologie ist eine immer stärkere Minimierung von Unterstützungs- und Hilfskonstruktionen festzustellen. Die Wand wird ganz Öffnung. Im Gebäudemaßstab gibt die Fassade ihre tektonische Wirkung zu Gunsten einer membranartigen Hülle auf. Die technologische Entwicklung spannt sich über die klassische Courtainwall-Fassade bis zu heutigen mehrschaligen Membranaufbauten mit einer immer differenzierteren, aber synergetischen Funktionszuteilung.

Beispiel 110.1-13: (1) Chemische Fabrik, Beeston (GB), E. Owen Williams 1930–32 [13]
(2) Ausstellungsgebäude, Messina (I), Vincenzo Pantano 1952 [13]

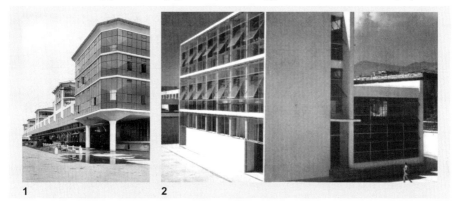

Beispiel 110.1-14: Nationaltheater Mannheim, Entwurf, Mies van der Rohe 1953 [13]

Der innere Raumcharakter wird vorwiegend vom Boden- und Deckenabschluss geprägt und die Paradoxie vom Fenster als Öffnung und Schwelle zugleich damit auf die Spitze getrieben. Um den transparenten Raumabschluss sichtbar und für den Gesamtraumeindruck in gezielter Weise emotional interpretierbar zu machen, wird durch die Einführung eines „Grids" die Schwellfunktion gestärkt. Dessen Filterwirkung wird durch die Oberflächenbehandlung der Gläser, die Proportionierung und Dimensionierung der Bauelemente, die Wahl des Materials, der Farben und des Reflexionsgrads bestimmt.

110.1.2.5 DAS FENSTER IN DER NACHHALTIGEN PLANUNG

Fenster fördern bei richtiger Planung den Eintrag von kostenloser Wärmeenergie (Sonnenenergie). Sie sind für den Energiehaushalt unserer Gebäude Nutzbringer und Schwachstellen zugleich. Die Steuerung der Besonnungs- und Dämmsituation, die bauphysikalischen Kennwerte der Verglasung und der Rahmenkonstruktion, die Öffnungsfunktionen und die Wartbarkeit wie Recyclingfähigkeit bestimmen zunehmend die Anforderungen bei der Fenstergestaltung. Der Lochanteil an der Fassade, die Orientierung zur Sonne, die Funktion des Gebäudes mit den zugehörigen Parametern der inneren Wärmeemission, Belegungszyklen und Belegungsdichten sowie der Automatisierungsgrad der Gebäudesteuerung greifen zunehmend in den Entwurfsprozess der Fassade ein. Im Konzept der Fensteröffnungen teilt sich das Ergebnis dieses Planungsprozesses mit. Bei der rasanten Entwicklung der technologischen und konstruktiven Aspekte ist auch in der Entwicklung entsprechender Raumwirkungen und des Außen-/Innenbezugs von Gebäuden ein weiterer Innovationsschub zu erwarten.

Beispiel 110.1-15: Lignostahl-Fertighaus (A), Roland Rainer 1964 [1]

110.1.3 DAS BAUELEMENT FENSTER

Die Anforderungen für Raumbehaglichkeit bilden die Zielvorgaben für die Konstruktionsvoraussetzungen moderner Fensterkonstruktionen. Bauphysikalisch betrachtet muss das Fenster die Trennung vom Raum- zum Außenklima und die Abschottung von Lärmbelastungen leisten. Wärme- und schalldämmende sowie diffusionsregelnde Qualitäten stehen dabei im Vordergrund. Die Hauptbeanspruchung von Fensterkonstruktionen stellt das in allen Aggregatzuständen anfallende Wasser und damit Feuchtigkeit dar, mit der sowohl innen (Luftfeuchtigkeit) als auch außen (Regenwasser, Schnee) zu rechnen ist. Durch entsprechende konstruktive Maßnahmen ist ein Wassereintritt in den Bauteil und seine Anschlüsse möglichst zu verhindern. Dennoch anfallendes Wasser ist kontrolliert wieder abzuführen. Ähnliches gilt für die Luftdichtheit von Fenstern. Ist aus Energiespargründen ein möglichst dichtes Fenster sinnvoll, wird die Versorgung der zugeordneten Innenräume mit ausreichender Frischluft von der Fensterfuge weg zu kontrollierten Raumlüftungssystemen mit Wärmerückgewinnung verlagert.

110.1.3.1 DIE LAGE DES FENSTERS IN DER LEIBUNG

Durch die Lage des Fensters in der Leibung und die Detailausbildung des Anschlags wird der architektonische Eindruck eines Gebäudes wesentlich beeinflusst. Werden Fenster bündig in die Fassadenoberfläche integriert, tritt die Öffnungswirkung zugunsten einer Betonung der Gesamtgestalt eines Gebäudes (Silhouettenwirkung) zurück.

Das Bauelement Fenster

Tabelle 110.1-01: Einbausituationen von Fenstern in Außenwänden

		Neue Fensterkonstruktionen bei monolithischem Wandaufbau	Einfachfensterkonstruktionen innen angeschlagen	Einfachfensterkonstruktionen in der Leibung angeschlagen	Einfachfensterkonstruktionen außen angeschlagen	Kastenfensterkonstruktionen mit zwei Fensterebenen
A. Historische Fensterkonstruktionen mit 1-fach Verglasung in homogenem Wandaufbau	Leibung ohne Anschlagnische		▨	▨ ▨	▨	▨
	Leibung mit Anschlagnische, innen angeschlagen			▨		▨
	Leibung mit Anschlagnische, innen und außen angeschlagen					▨
B. Fensterkonstruktion mit Isolierverglasung in gedämmtem Wandaufbau	Innendämmung mit Vorsatzschale, dampfdicht		▨			▨
	Außendämmung mit Putz	▨	▨	▨	▨	▨
	Außendämmung, hinterlüftet			▨	▨	▨
	Kerndämmung					▨
C. Gedämmte Fensterrahmenkonstruktion mit Isolierung in Wandaufbau mit Niedrigenergiestatus (< 50 kWh/(m²·J))	Innendämmung mit Vorsatzschale, dampfdicht		▨			▨
	Außendämmung mit Putz		▨	▨	▨	▨
	Außendämmung, hinterlüftet			▨	▨	▨
	Kerndämmung	▨		▨		▨

Tabelle 110.1-02: Einbausituationen von Fenstern bei Pfeilerstruktur

		Einfachfensterkonstruktion in der Leibung angeschlagen		
		Fenster innen fluchtend	Fenster variabel in Leibung	Fenster außen fluchtend
A. Fensterkonstruktion mit Isolierverglasung im gedämmten Wandaufbau	Außendämmung mit Putz			
	Außendämmung, hinterlüftet			
	Kerndämmung			
	Kastenfensterkonstruktion mit 2 Fensterebenen			
	Kastenfensterkonstruktion mit 2 Fensterebenen, fassadenbündig			
B. Gedämmte Fensterrahmenkonstruktion mit Isolierung in Wandaufbau mit Niedrigenergiestatus (< 50 kWh/(m²J))	Außendämmung mit Putz			
	Außendämmung, hinterlüftet			
	Kerndämmung			
	Kastenfensterkonstruktion mit 2 Fensterebenen			
	Kastenfensterkonstruktion mit 2 Fensterebenen, fassadenbündig			

Das Bauelement Fenster 13

Tabelle 110.1-03: Einbausituationen von Fensterbändern in Außenwänden

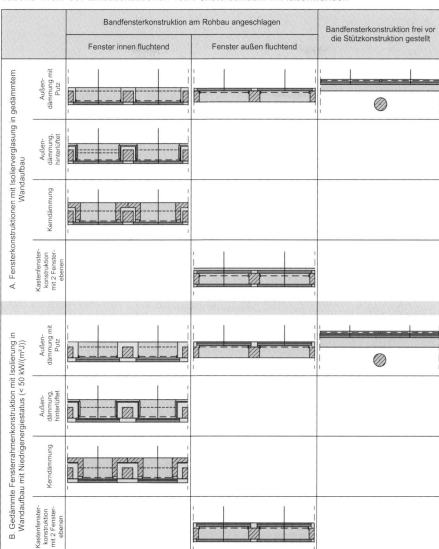

Durch tiefe Fensteröffnungen wird dagegen die plastische Gliederung innerhalb der einzelnen Fassadenflächen selbst betont und das Gesamtvolumen des Baus dadurch in der Tendenz optisch relativiert. Auf der Feinebene der Gestaltung kann durch die Fensterteilung und die Ansichtsbreiten der Rahmen die angestrebte Grundhaltung verstärkt oder abgeschwächt werden.

Bautechnisch ist die Lage des Fensters in der Leibung mit dem geplanten Wandaufbau abzustimmen. Die Art des Wandaufbaus ist durch die Notwendigkeit nach ausreichender Wärmedämmung im Regelfall als mehrschichtig anzunehmen, bei dem Tragfunktion, Dämmung, Außen- und Innenbekleidung zu unterscheiden sein wird. Neuere Tendenzen im Baustoffbereich bringen jedoch auch wieder homogene Wandaufbauten bei hoch wärmegedämmten Bauteilen zum Einsatz. In der Folge wird versucht, einen systematischen Überblick für die Einbausituation von Fenstern in Außenwänden aufzuzeigen. Drei grundsätzliche Fenstertypen werden dabei unterschieden:

- das Lochfenster in der Wandfläche (Einzelöffnung),
- das Lochfenster eingestellt in eine Pfeilerstruktur (serielle Öffnung),
- das Bandfenster in tragenden und nichttragenden Wänden.

Die jeweilige Matrix verknüpft den technologischen Entwicklungsstand der Fenstertypen mit unterschiedlichen Einbausituationen innerhalb der Wandöffnung.

110.1.3.2 DER ANSCHLAG DES FENSTERS

Grundsätzlich wird zwischen dem Innenanschlag und Außenanschlag unterschieden.

Der Innenanschlag

Die Montage erfolgt von der Innenseite des Raumes her. Dafür ist im Regelfall keine Fassadeneinrüstung erforderlich. Die Ausführung ist mit oder ohne Blindstock möglich. Bei Verwendung eines Blindstocks wird der Fenstereinbau im Bauablauf von der Fassadenherstellung unabhängig und kann auch erst im Zuge des Ausbaus erfolgen. Bei der Innenmontage kann das Fensterelement in fast allen Positionen in Bezug auf die Fassadenebene angeordnet werden. Eine tiefe Außenleibung schützt das Fenster vor Witterungseinflüssen, erhöht aber die thermische Hüllfläche des Gebäudes und umgekehrt.

Abbildung 110.1-02: Systemdarstellung Innenanschlag

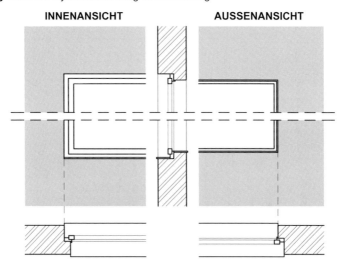

Lage 1: In Außenflucht der Rohbaukonstruktion, die Dämmung überdeckt den Fensterstock weitgehend.

Lage 2: Innerhalb der Leibungstiefe, die Dämmung wird in die Leibungstiefe hereingezogen und überdeckt den Rahmenstock weitgehend.

Lage 3: In Innenflucht der Rohbaukonstruktion, die Dämmung wird in die Leibungstiefe hereingezogen und überdeckt den Rahmenstock weitgehend.

Lage 4: Auf der Innenseite der Rohbaukonstruktion aufgesetzt, die Dämmung wird auf die gesamte Leibungstiefe hereingezogen und überdeckt den Rahmenstock weitgehend.

Das Bauelement Fenster 15

Abbildung 110.1-03: Systematik Innenanschlag – Lage 1 bis 4

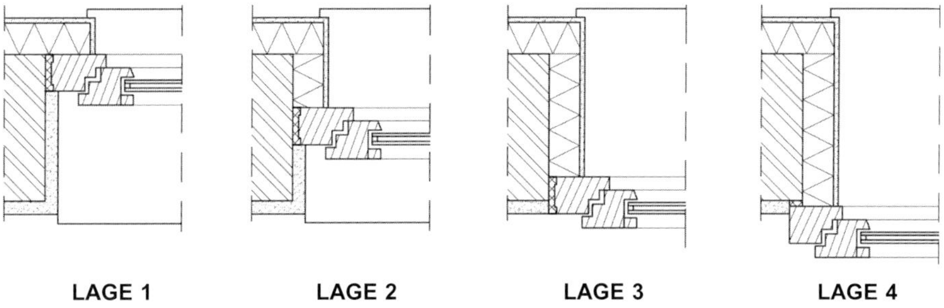

| LAGE 1 | LAGE 2 | LAGE 3 | LAGE 4 |

Der Außenanschlag

Die Montage erfolgt von der Außenseite über ein Montagegerüst, das im Regelfall bereits das Fassadengerüst für die Fassadenherstellung ist. Die Ausführung ist ebenfalls mit oder ohne Blindstock möglich. Bei der Außenmontage wird das Fensterelement an der Außenseite der Rohbauwand angeschlagen, wodurch es direkt in der Wärmedämmschicht zu liegen kommt. Damit können bei entsprechender Stockaufdopplung auch plane Fassadenstrukturen erzielt werden, die eine membranartige Interpretation der Fassadenstruktur erlauben. Diese Stockaufdopplung wird im Regelfall durch einen umlaufenden Zargenrahmen, der die Dämmstoffstärke und die Deckschalenstärke der Fassade ausgleicht, erzielt. Das Fenster liegt dadurch direkt im bewitterten Bereich. Der Bauteilfugenanschluss und die konstruktiven Maßnahmen zur Schlagregendichtheit müssen in diesem Fall besonders sorgfältig den erhöhten Anforderungen angepasst werden. Bei Wandaufbauten mit Kerndämmung oder bei hinterlüfteten Fassaden mit Vorsatzschalen wird dagegen in Regelfall auch eine Außenleibung zustande kommen, deren Ausbildung den technischen Anforderungen des Innenanschlags entspricht.

Abbildung 110.1-04: Systemdarstellung Außenanschlag

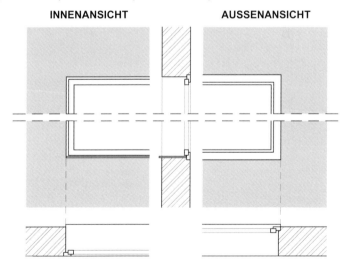

Lage 1: Auf der Außenseite der Rohbaukonstruktion wird das aufgedoppelte Fensterelement aufgesetzt, die Dämmung in einer Ebene stumpf angeschlossen und die Fassadenoberfläche bündig mit dem Fenster ausgeführt (Achtung bei Bauteilanschlussfuge!).

Lage 2: Als Sonderlösung kann das Fensterelement bewusst sichtbar auf die Fassade aufgesetzt werden, mit erhöhten bautechnischen Anforderungen ist dabei zu rechnen.

Lage 3: Auf der Außenseite der Rohbaukonstruktion wird das Fensterelement aufgesetzt, die Dämmung wird durch ihre Mehrstärke den Rahmenstock großteils überlappend angeschlossen und bildet mit der Fassadendeckschicht eine flache Außenleibung aus.

Lage 4: Bei Wandaufbauten mit Kerndämmung ist konstruktiv die gleiche Situation wie bei Lage 3.

Abbildung 110.1-05: Systematik Außenanschlag – Lage 1 bis 4

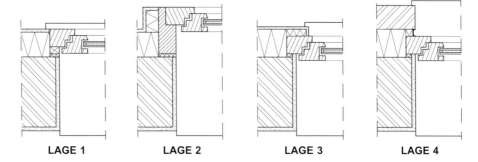

LAGE 1   LAGE 2   LAGE 3   LAGE 4

110.1.3.3 DER EINBAU DES FENSTERS

Bereits in der Planung ist der unterschiedliche, jedoch normgemäße Toleranzbereich von Rohbauöffnung und Fensterelement mit zu berücksichtigen. Knappe Ausführungszeiten erfordern eine Produktion nach Planmaßen, deren Werkplanung die größeren zulässigen Bautoleranzen des Rohbaus aufnehmen können muss. Alternativ dazu wird auch heute noch, erst nach abgenommenen Naturmaßen mit der Werkplanung und Produktion begonnen. Entsprechend lange Stehzeiten im Fassadenausbau sind dabei in Kauf zu nehmen.

Blindstöcke
Der Einsatz von Blindstöcken, das sind seitens des Fensterbauers maßhaltig in den Rohbau eingebaute Montagerahmen, schafft hier Abhilfe. Diese können nach einer Naturmaßabnahme des Rohbaus rasch gefertigt und eingebaut werden, so dass der Fassaden- und Innenausbau während der Fensterproduktion nicht aufgehalten wird. Die Fensterelemente werden erst nach der Herstellung der Fassaden- und Innenausbauanschlüsse maßhaltig in den Blindstock versetzt. Optisch kann sich jedoch die volle Ansichtsfläche der Fensterrahmen ergeben, was auch die Wärmebrückenfläche vergrößert. Ist ein Sonnenschutz im Sturzbereich des Fensters vorgesehen, so ist dieser sorgfältig auszuführen.

Befestigung
Beim Einbau der Fensterelemente ist auf eine einwandfreie Befestigung zu achten, die Lastabtragung, Formänderungsverhalten und Dichtheit berücksichtigt. Die Befestigungsmittel sind dabei auf die jeweilige Einbausituation abzustimmen.

Fugenabdichtung
In der Folge ist die Abdichtung des Bauteils sorgfältig zu planen. Im Bereich der Fensterkonstruktion sind drei, mit Blindstockkonstruktionen vier Fugenzonen

feststellbar, die entsprechend den Projektanforderungen (z.B. Schallschutzfenster, Fenster in Hochhäusern etc.) im Hinblick auf die Abdichtungsmaßnahmen unterschiedlich auszubilden sind. Normativ sind dafür unterschiedliche Beanspruchungsklassen vorgesehen. Zum warmen Innenraum hin ist eine dampfdiffusionsdichte Fugenausbildung und zum Außenraum hin ein schlagregendichter Anschluss herzustellen. Je nach Qualitätsanforderung kann diese Verfugung einstufig oder mehrstufig hergestellt werden.

Abbildung 110.1-06: Dichtungszonen zwischen Fenster und Wand – schematisch

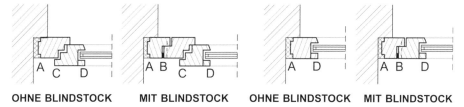

OHNE BLINDSTOCK	MIT BLINDSTOCK	OHNE BLINDSTOCK	MIT BLINDSTOCK
ÖFFENBARE FENSTER		FIXVERGLASUNGEN	

A RAHMEN UND WAND
B BLINDSTOCK UND RAHMEN
C FLÜGELPROFIL UND RAHMEN
D GLAS UND FLÜGEL

Fensterbank

Eine besondere Rolle nimmt die Ausbildung der Fensterbank (Sohlbank) ein. Ihre Aufgabe ist es, das anfallende Niederschlagswasser, das vom Fenster abfließt, von der Fassade wieder abzuleiten. Dabei ist im Regelfall in Verbindung mit den seitlichen Hochzügen eine halbseitige Wannenausbildung erforderlich, die einen schlagregenfesten dauerhaften Anschluss an das Fensterelement, die seitlichen Leibungsflächen und die Mauerbank herstellt. Mögliche Längenänderungen sind rissfrei aufzunehmen, zur Verringerung von Wärmebrücken wird die Sohlbank mit Wärmedämmung hinterfüttert.

Schließt im Außenbereich an die Fensterbank eine Dachfläche oder bei Fenstertüren eine Terrasse an, ist auf eine wasserdichte Schwellenausbildung zu achten. Dabei ist nach dem Stand der Technik eine Abdichtungshöhe von 150 mm über der Belagsoberkante einzuhalten. Ist dieser Höhenunterschied aus funktionellen Gründen nicht möglich, kann die Anschlusshöhe bis auf 5 cm reduziert werden, wenn zusätzliche flankierende Maßnahmen wie ein Entwässerungsrost oder Rigol vor der Schwelle vorgesehen wird. Die einwandfreie Einbindung der Fenstereindichtung in die Flächenabdichtung der Terrasse ist zu berücksichtigen.

Bauablauf

Beim Bauablauf des Fenstereinbaus ist zu beachten, dass der Rohbau durch Schließen der Öffnungen rasch für den nachfolgenden Innenausbau witterungsfest gemacht wird. Durch den frühzeitigen Einbau können dabei die hochwertigen Fensterelemente trotz, zum Teil bereits werkseitig aufgebrachter Schutzabdeckungen bei nachfolgenden Bauarbeiten Schaden nehmen. Daher hat sich im Objektbereich der Einsatz von „*Blindstöcken*", das sind maßhaltige Montagerahmen, die unter Aufnahme der Rohbautoleranzen frühzeitig durch den Fensterhersteller versetzt werden, durchgesetzt. Die Blindstöcke erhalten sogleich als Witterungsschutz eine temporäre Auskleidung mit reißfester Baufolie. In der Folge kann der Fassaden- und raumseitige Anschluss hergestellt werden. Abhängig von der Jahreszeit, der Konstruktionsweise des Fensters mit den

Erfordernissen der witterungs- und dampfdichten Anschlussausbildung, der Schichtfolge der Fassade und des Innenausbaus kann der Zeitpunkt des eigentlichen Fenstereinbaus dann innerhalb des Bauablaufs gesteuert werden.

110.1.4 TERMINOLOGIE

Die ÖNORMEN B 5306 [72] und B 5310 [73] regeln für den Bereich der Fenster sowohl die Definitionen als auch die Einbaubezeichnungen und -maße. Bei den Bezeichnungen der Teile des Fensters ist zu unterscheiden zwischen dem Fensterstock (Stockrahmen) und dem Fensterflügel (Flügelrahmen).

Abbildung 110.1-07: Profilbezeichnungen – ÖNORM B 5306 [72] [94]

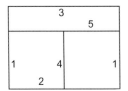
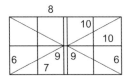

1 Lotrechtes Stockprofil
   (senkrechter Rahmenteil)
2 Unteres Stockprofil
   (Blendrahmen-Unterstück)
3 Oberes Stockprofil
   (Blendrahmen-Oberstück)
4 Pfosten
5 Kämpfer (Riegel)

6 Lotrechtes Flügelprofil
   (senkrechter Teil des Flügelrahmens)
7 Unteres Flügelprofil
   (Unterstück des Flügelrahmens)
8 Oberes Flügelprofil
   (Oberstück des Flügelrahmens)
9 Einschlagstück
10 Sprosse

Abbildung 110.1-08: Teile von Stock- und Flügelrahmen – ÖNORM B 5306 [72] [94]

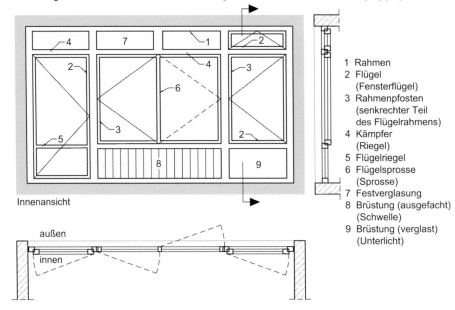

1 Rahmen
2 Flügel
   (Fensterflügel)
3 Rahmenpfosten
   (senkrechter Teil
   des Flügelrahmens)
4 Kämpfer
   (Riegel)
5 Flügelriegel
6 Flügelsprosse
   (Sprosse)
7 Festverglasung
8 Brüstung (ausgefacht)
   (Schwelle)
9 Brüstung (verglast)
   (Unterlicht)

Abbildung 110.1-09: Maßbegriffe – ÖNORM B 5306 [72] [94]

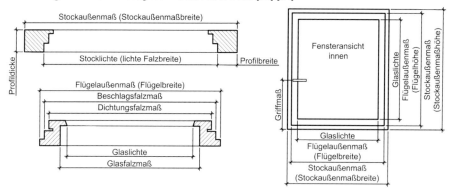

Für die planliche Darstellung von Fenstern in Einreich- und Polierplänen sind in der ÖNORM A 6240-2 [61] Vorgaben über die Bemaßung von Grundrissen und Schnitten enthalten. Bei der Kotierung und Beschriftung von Einreichplänen ist grundsätzlich davon auszugehen, dass alle Maßnahmen zur behördlichen Beurteilung enthalten sein müssen. Speziell bei Fenstern sind dabei die Architekturlichten der Fensterhöhe und Fensterbreite sowie die endgültigen Parapethöhen anzugeben. Da Ausführungspläne (Polierpläne) die Basis für die bauliche Umsetzung sind, müssen diese die Rohbaulichten und die Stockaußenmaße der Fenster (bzw. die Koordinierungsmaße), die Rohbauhöhen von Parapeten und Stürzen sowie deren Fertigmaße enthalten.

Abbildung 110.1-10: Einreichplan 1:100 – Grundriss und Schnitt

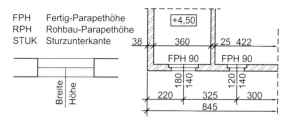 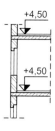

Abbildung 110.1-11: Ausführungsplan 1:50 – Grundriss und Schnitt

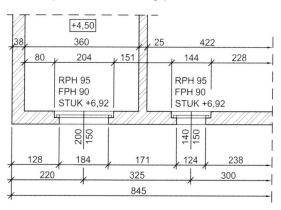 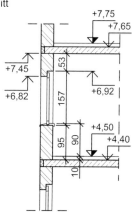

110.1.5 ABMESSUNGEN

Als Richtmaße für eine Fensterplanung, die in vielen Fällen bereits von Maßanfertigungen für die spezielle Anwendung ausgehen, können die Einbaumaße und bevorzugten Koordinationsmaße der ÖNORM B 5310 [73] herangezogen werden.

Tabelle 110.1-04: Bevorzugte Koordinationsmaße für Fenster – ÖNORM B 5310 [73]

Höhe [mm]	40	50	60	70	80	90	100	110	120	130	140	150	160	170	180	190	200	210	220	230	240	250
40																						
50							x															
60					x		x															
70				x			x			x			x									
80					x		x		x	x	x											
90				x																		
100				x			x			x			x									
110																						
120				x	x	x	x	x	x	x	x	x	x		x	x	x	x				
130				x	x	x	x	x	x	x	x	x	x		x	x	x	x	x		x	x
140				x	x	x	x	x	x	x	x	x	x		x	x	x	x	x		x	x
150				x	x	x	x	x	x	x	x	x	x		x	x	x	x	x		x	x
160				x	x	x	x	x	x	x	x	x	x		x	x	x	x	x		x	x
170																			x		x	x
180																			x		x	x
190							x				x		x		x	x			x		x	x
200																						
210																						
220							x	x					x	x	x	x	x					
230							x	x					x	x	x	x	x					
240							x	x					x	x	x	x	x					
250							x	x					x	x	x	x	x					

← Zweiflügelige Fenster   ← Dreiflügelige Fenster

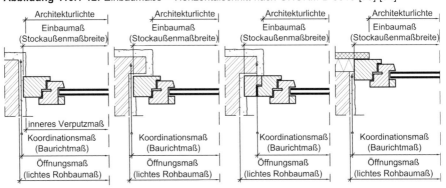

Abbildung 110.1-12: Einbaumaße – Horizontalschnitt nach ÖNORM B 5310 [73] [94]

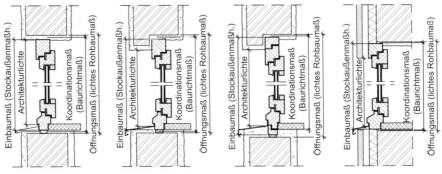

Abbildung 110.1-13: Einbaumaße – Vertikalschnitt nach ÖNORM B 5310 [73] [94]

110.1.6 VORSCHRIFTEN

Da die primären Funktionen von Fenstern in der Belichtung und Belüftung der Räume liegen, sehen die Vorschreibungen der Bauordnungen für den Fensterbereich hauptsächlich Regelungen über den Lichteinfall, die Belichtungs- und Belüftungsgröße, aber auch über die Notwendigkeit von Absturzsicherungen vor.

Beispiel 110.1-16: Anforderungen an den Lichteinfall – Bauordnung für Wien [42]

§ 78. Lichteinfall

(1) Für Hauptfenster muss, soweit in diesem Gesetz nicht Ausnahmen zugelassen sind, der freie Lichteinfall unter 45° auf die nach § 88 Abs. 2 erforderliche Fensterfläche gesichert sein, das heißt, es muss aus den frei einfallenden Lichtstrahlen ein die erforderliche Fensterfläche treffendes Prisma (Lichtprisma) gebildet werden können, dessen seitliche Flächen senkrecht auf die Gebäudewand stehen und dessen untere und obere Fläche mit einer waagrechten Ebene einen Winkel von 45° einschließen (direkter Lichteinfall).

(2) Der Lichteinfall ist noch als gesichert anzusehen, wenn ein Lichtprisma gebildet werden kann, dessen seitliche Flächen von denen des im Abs. 1 genannten Lichtprismas um nicht mehr als 30 abweichen (seitlicher Lichteinfall).

(3) Bei der Bildung der Lichtprismen ist der vorhandene Baubestand auf der eigenen Liegenschaft, auf den angrenzenden und gegenüberliegenden Liegenschaften, jedoch nur die nach dem geltenden Bebauungsplan zulässige Bebauung zu berücksichtigen. Hiebei ist auch auf Baubeschränkungen Bedacht zu nehmen, die der Nachbar als öffentlich-rechtliche Verpflichtung freiwillig auf sich genommen hat, sofern diese in einen Abteilungs- oder Baubewilligungsbescheid aufgenommen und im Grundbuch ersichtlich gemacht worden ist; die Antragstellung beim Grundbuchsgericht obliegt der Behörde.

(4) In das Lichtprisma hineinragende Gebäudeteile nach § 81 Abs. 6, Dachflächen bis zu 45° Neigung oder bis zu der im Bebauungsplan nach § 5 Abs. 4 lit. k festgesetzten Neigung sowie Hauptgesimse und Dachvorsprünge bis 1 m bleiben unberücksichtigt. Ebenso bleiben die die höchste zulässige Gebäudehöhe überschreitenden Teile, die den Vorschriften des § 81 Abs. 2 entsprechen, sowie die in das Lichtprisma hineinragenden Vorbauten vor Hauptfenstern (§ 88 Abs. 2 und 3) desselben Gebäudes, die nicht mehr als 3 m vor die Fensterfront ragen, unberücksichtigt.

(5) An Straßenfronten, an denen die zulässige Höhe der gegenüberliegenden Gebäude nach § 75 Abs. 4 und 5 zu berechnen ist, gilt der Lichteinfall für Hauptfenster jedenfalls als gesichert. Dies gilt auch an den zu Verkehrsflächen gerichteten Gebäudefronten in Schutzzonen ab dem ersten Stockwerk.

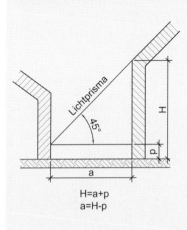

$H = a + p$
$a = H - p$

DIREKTER LICHTEINFALL 45°

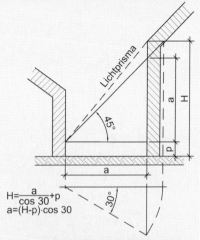

$H = \dfrac{a}{\cos 30} + p$
$a = (H-p) \cdot \cos 30$

SEITLICHER LICHTEINFALL 45°

Beispiel 110.1-17: Anforderungen an die Belichtung – Bauordnung für Wien [42]

§ 88. Belichtung der Räume

(1) Aufenthaltsräume müssen grundsätzlich natürlich belichtet sein (§ 78).

(2) Fenster, die zur Belichtung von Aufenthaltsräumen erforderlich sind (Hauptfenster), müssen ins Freie münden. Vorgelagerte Verglasungen bleiben dabei außer Betracht, wenn der gesetzliche Lichteinfall für die Aufenthaltsräume gewährleistet bleibt. Die Gesamtfläche der Hauptfenster muss, in der Architekturlichte gemessen, mindestens ein Zehntel der Fußbodenfläche des zugehörigen Raumes betragen. Dieses Maß vergrößert sich bei Raumtiefen von mehr als 5 m um je 10 % für jeden vollen Meter Mehrtiefe. Ragen in das Lichtprisma (§ 78) Vorbauten über Hauptfenster desselben Gebäudes und beträgt der Vorsprung mehr als 50 cm, so muss die Architekturlichte solcher Hauptfenster mindestens ein Sechstel der Fußbodenfläche des zugehörigen Raumes betragen.

(2a) In Wohnungen muss jedes Hauptfenster eine waagrechte Sichtverbindung nach außen ermöglichen. Die Parapethöhe dieser Fenster darf nicht mehr als 1,20 m betragen. In dieser Höhe muss eine freie waagrechte Sicht von mindestens 3 m gewährleistet sein. Verfügt eine Wohnung über Hauptfenster, die nur eine waagrechte Sicht von 3 m ermöglichen, muss mindestens ein Hauptfenster dieser Wohnung eine freie waagrechte Sicht von mindestens 6 m ermöglichen.

(3) Verglaste Balkone und Loggien sind vor Hauptfenstern nur zulässig, wenn ihre verglaste Fläche mindestens drei Zehntel und die Architekturlichte der Hauptfenster mindestens ein Sechstel der Fußbodenfläche des zugehörigen Raumes beträgt.

(4) Oberlichten in Decken sind Hauptfenstern gleichzuhalten, wenn sie den Anforderungen des Abs. 2 entsprechen.

(5) Fenster von Küchen, die von einem Abstand gemäß § 79 Abs. 3 aus belichtet werden, müssen nicht den für Hauptfenster erforderlichen Lichteinfall (§ 78) aufweisen.

(6) Fenster, die nicht zur Belichtung von Aufenthaltsräumen erforderlich sind, sind Nebenfenster.

(7) Alle Fenster müssen so beschaffen sein, dass sie auch an der Außenseite leicht und gefahrlos gereinigt werden können. Dies gilt nicht, wenn entsprechende Vorrichtungen zur leichten und gefahrlosen Reinigung der Fenster von außen vorgesehen sind. Soweit dies nach der Lage und dem Verwendungszweck der Räume notwendig ist, müssen einzelne Fenster ihrer Größe und Lage nach so beschaffen sein, dass durch sie die Rettung von Menschen möglich ist; solche Fenster sind auch bei Klimatisierung der Aufenthaltsräume öffenbar einzurichten und im Raum als solche dauerhaft zu bezeichnen.

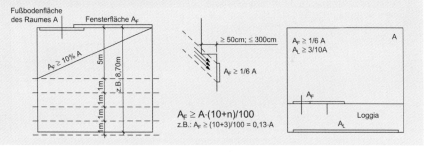

Beispiel 110.1-18: Anforderungen an die Belüftung – Bauordnung für Wien [42]

§ 89. Belüftung der Räume

(1) Aufenthaltsräume müssen gut lüftbar sein.

(2) Die Belüftbarkeit ist gewährleistet, wenn die Hauptfenster (§ 88 Abs. 2) zum Öffnen eingerichtet sind oder der Raum auf andere Weise ausreichend be- und entlüftet wird.

(3) Andere Räume als Aufenthaltsräume müssen eine ihrem Verwendungszweck entsprechende ausreichende Be- und Entlüftung haben.

(4) Vor Fenstern, die für die Belüftung von Räumen notwendig sind, sind Verglasungen nur zulässig, wenn die ausreichende Belüftbarkeit der Räume gewährleistet bleibt.

Beispiel 110.1-19: Anforderungen an Geländer und Brüstungen – Bauordnung für Wien [42]

§ 107. Geländer und Brüstungen

(1) Alle dem Zutritt offenstehenden, absturzgefährlichen Stellen innerhalb von Baulichkeiten oder an Baulichkeiten sind mit einem standsicheren, genügend dichten und festen Geländer zu sichern. Bei Wohnungen müssen Geländer von Loggien, Balkonen, Fenstertüren oder Terrassen überdies so beschaffen sein, dass Kleinkinder nicht durchschlüpfen oder leicht hochklettern können. Anstelle von Geländern sind auch Brüstungen zulässig.

(2) Ab einer Fallhöhe von 12 m muss das Geländer mindestens 1,10 m hoch sein. Sonstige Geländer müssen mindestens 1 m hoch sein. Die Geländerhöhe ist bei Stiegen lotrecht von der Stufenvorderkante bis zur Geländeroberkante zu messen. Fenstertüren müssen mit einem Geländer von mindestens 1 m Höhe, gemessen von der Fußbodenoberkante, oder, wenn eine Türschwelle oder ein Sockel mit einer Höhe von weniger als 60 cm vorgesehen ist, von der Oberkante der Türschwelle oder des Sockels aus gemessen, gesichert werden. Für Brüstungen, die an der Oberkante mindestens 25 cm breit sind, genügt eine Höhe von 85 cm.

(3) Für die Füllung von Geländern dürfen nur solche Baustoffe verwendet werden, die bei einer Beschädigung nicht zu einer gefahrbringenden Zersplitterung führen. Glaswände oder Wände aus ähnlichen Baustoffen an absturzgefährlichen Stellen innerhalb von Baulichkeiten oder an Baulichkeiten sind durch eine Schutzstange in einer Höhe zwischen 85 cm und 1,10 m zu sichern; eine Schutzstange ist nicht erforderlich, wenn sich die Wand auf einem festen Sockel von mindestens 60 cm Höhe befindet oder die Wand durch ihre Beschaffenheit ausreichend bruchgesichert ist.

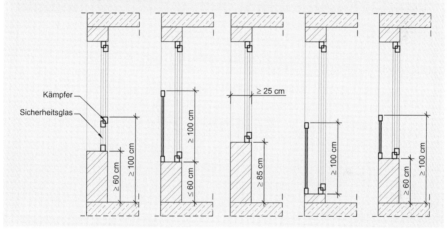

SpringerArchitektur

Heinz Geza Ambrozy, Zuzana Giertlová

Planungshandbuch Holzwerkstoffe

Technologie – Konstruktion – Anwendung

2005. 261 Seiten. Zahlreiche Abbildungen.
Format: 21 x 27,7 cm
Gebunden **EUR 78,–,** sFr 129,–
ISBN 3-211-21276-0

Holzwerkstoffe sind Designprodukte der Zukunft – ihre fehlerfreie, sichere Verwendung setzt Vertrautheit mit dem Material voraus. Das wachsende Angebot an Holzwerkstoffen und neue innovative Holzkonstruktionen bringen die Notwendigkeit mit sich, die bautechnischen Regeln und konstruktiven Lösungen im Holzbau mit besonderer Aufmerksamkeit zu beachten.

Die Autoren stellen die Holzwerkstoffe sowohl in Bezug auf ihre konstruktiven Einsatzmöglichkeiten als tragende und aussteifende Bauelemente, als auch in ihren Auswirkungen auf die bauphysikalischen Eigenschaften der Konstruktion dar. Der Architekt und Bauschaffende findet schnell den geeigneten Holzwerkstoff für den gesuchten Einsatzbereich.

Das Handbuch ist reich mit Tabellen, Zeichnungen und Abbildungen realisierter Bauten ausgestattet.

SpringerWienNewYork

P.O. Box 89, Sachsplatz 4–6, 1201 Wien, Österreich, Fax +43.1.330 24 26, books@springer.at, **springer.at**
Birkhäuser c/o SDC, Haberstraße 7, 69126 Heidelberg, Deutschland, Fax +49.6221.345-4229, SDC-bookorder@springer-sbm.com
Chronicle Books, 85 Second Street, San Francisco, CA 94105, USA, Fax +1.800.858-7787, sales@papress.com
Preisänderungen und Irrtümer vorbehalten.

110.2 TYPENENTWICKLUNG

Die Entwicklung des Fensters ist eng mit der Verbesserung der Funktion gekoppelt. Aus dem einfachen Steckflügel wurde unter Verwendung von immer ausgefeilteren Beschlägen eine Vielzahl an Varianten entwickelt. Dies führte vom einfachen Drehflügelfenster über das Stulpfenster zum Schiebefenster. Die Entwicklung von „gesteuerten" Schließmechanismen ermöglichte die Funktion des Drehkippfensters und der Schwingflügel- und Wendefenster. Aufgrund der einfachen Funktionsweise und der standardisierten Produktion wurden vermehrt Fenster als Türen in Wohnraumbereichen eingesetzt. Diese so genannten Fenstertüren haben heute bei einer Vielzahl von Terrassen und Balkonen Eingang gefunden.

110.2.1 FENSTERTYPEN, ÖFFNUNGSARTEN

Die Funktionsweisen von Fenstern sind vielfältig, je nach Öffnungsart der Flügel kann ein Drehen, Kippen, Dreh-Kippen, Schwingen, Klappen oder Wenden erfolgen. Die Kombination von mehreren möglichen Bewegungsarten in einem Fensterelement ist durchaus üblich, um eine bestmögliche Belüftung zu erzielen.

Abbildung 110.2-01: Flügelöffnungsarten nach ÖNORM B 5306 [72]

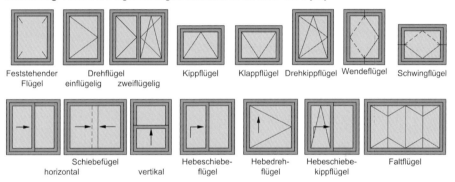

110.2.1.1 DREHFLÜGELFENSTER

Aus dem feststehenden Flügel mit einer beidseitigen Fixierung wurde ein Drehflügel geschaffen. Diese Fensterfunktionsform findet sich bei einer Vielzahl an klassischen Konstruktionen. Insbesondere die Fenster mit einem mittig stehenden Kämpfer bringen eine Vielzahl an Funktionsvarianten zur Geltung. Entscheidend für die Fensterkonstruktion ist auch, ob die Fenster innen oder außen aufgehend sind. Außen aufgehende Fenster haben den Vorteil, dass bei Winddruck das Fenster angepresst und eine verbesserte Dichtwirkung erreicht wird.

Reine Drehflügelfenster haben heute nur mehr eine untergeordnete Bedeutung und werden für Kellerfenster und Ähnliches angewendet. Der Einsatz der systematisierten Beschlagstechnik mittels Schienensystem hat die konventionellen einfachen Drehflügelfenster weitestgehend verdrängt.

110.2.1.2 STULPFENSTER

Das Stulpfenster ist eine Weiterentwicklung des Drehflügelfensters. Die Verwendung eines pfostenlosen Stockrahmens erlaubt schmälere Ansichtsbreiten der Flügelprofile und dadurch auch eine elegantere Gestaltungsmöglichkeit des Fensters, da die Ansichtsfläche des Übergriffes deutlich geringer ausfällt. Die beiden Flügel des Stulpfensters werden in Stand- und Gangflügel unterschieden (frühere Bezeichnung Steh- und Gehflügel) und weisen einen Stoß in der Dichtebene im Bereich des Standflügels auf. Dieser Stoß im Bereich der Dichtebene führt dazu, dass Stulpfenster für hohe Anforderungen an die Luftdichtheit nur bedingt geeignet sind, da der Stoß der Dichtungen im Bereich des Überschlages zu Problemen führt.

110.2.1.3 DREIFLÜGELIGES FENSTER OHNE PFOSTEN

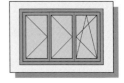

Eine spezielle Weiterentwicklung des Stulpfensters stellt ein dreiflügeliges Fenster ohne Pfosten dar. Das nebenstehende Symbol zeigt die Variante der beiden Gangflügel sowie des mittleren Standflügels. Für die Ausführung mit mechanisiertem Getriebe gibt es spezielle Formen, so dass alle drei Fenster unabhängig voneinander geöffnet werden können, wobei der Standflügel als letzter zu öffnen ist. Dreiflügelige Fenster ohne Pfosten haben ebenfalls, wie Stulpfenster, jeweils Stoßstellen in der Dichtebene im Bereich des Standflügels zu den jeweiligen beiden Gangflügeln. Aufgrund der eleganten schmalen Ansichtsflächen der Flügel (fehlendes Pfostenprofil) ist dieses Fenster im Wiener Raum sehr verbreitet, da es die üblichen dreiteiligen Fenster auch in einer Isolierglasvariante unter denkmalschützerischen Aspekten sehr gut ersetzen kann.

110.2.1.4 DREHKIPPFENSTER

Das Drehkippfenster wird ebenfalls unterschieden in eine links- und eine rechts angeschlagene Variante (Symbol links angeschlagen). Das Drehkippfenster stellt eine Kombination aus einem Kippflügelfenster und einem Drehfenster dar, wobei diese Fensterbauart durch die Erfindung der mechanisierten umlaufenden Verriegelungen, die Ende der 70er Jahre entstanden, möglich wurde. Die Kippstellung des Drehkippfensters ermöglicht eine einfache Lüftungsart, die verhindert, dass geöffnete Flügel durch Zugerscheinungen auf- und zuschlagen. Das Drehkippfenster ist heute die verbreitetste Fensterkonstruktion.

110.2.1.5 SCHIEBEFENSTER

Das Schiebefenster ist ebenfalls eine eher ältere Konstruktion, die jedoch auch in heutiger Zeit wieder Bedeutung erlangt hat, es weist jedoch einige grundsätzliche Probleme auf. Das Schiebefenster, egal ob in vertikaler oder horizontaler Form, führt dazu, dass eine Stoßstelle der beiden Verglasungsebenen über die Fensterbreite abgedichtet werden muss. Diese Stoßstelle stellt einen grundsätzlichen Schwachpunkt im Bereich des Sprunges der Dichtungsebene dar. Schiebefenster können nur bedingt hohe Luftdichtheitsklassen erreichen. Moderne Aluminiumkonstruktionen weisen zum Beispiel mit Hilfe von Passdichtungen eigene Dichtungssysteme auf. Diese Schiebeflügel können durchaus auch höhere Luftdichtheitsklassen erreichen. Einen weiteren Schwachpunkt dieser

Konstruktion stellt die für einen Flügel offene Schiebefuge dar. Diese Schiebefuge muss entwässert werden, um hier auch die Schlagregendichtheit des Fensters gewährleisten zu können. Eine weitere Entwicklung sind Hebeschiebeflügel. Hier wird der Schwachpunkt der mangelnden Schlagregendichtheit über die Funktion des Heraushebens des Flügels aus der Dichtebene behoben. Diese Konstruktionen sind mechanisch aufwändig, unterliegen einem relativ hohen Verschleiß und benötigen erhöhte laufende Wartung.

110.2.1.6 SCHWINGFLÜGELFENSTER

Das Schwingflügelfenster stellt eine Konstruktion dar, die in den 70er Jahren sehr populär war. Durch die mittlere Anordnung der Drehpunkte kann ein rotierender Flügel hergestellt werden, der nur sehr geringe Bedienkräfte benötigt. Problematisch ist jedenfalls der Wechsel der Dichtebenen im Bereich des Drehlagers. Hier ist eine aufwändige Konstruktion zur Erreichung einer hohen Luftdichtheit notwendig. Die Konstruktion des Schwingflügelfensters wird jedoch vielfach mit großem Erfolg für Dachfenster verwendet, da das Durchschwingen der Flügel eine einfache und sichere Reinigungsmöglichkeit der Außenseite der Flügel bietet. Schwingflügelfenster sind aufgrund ihrer Konstruktion besonders für Fenster mit einem Verhältnis geringe Höhe zu extremer Breite geeignet.

110.2.1.7 WENDEFENSTER

Ähnlich wie Schwingflügelfenster sind Wendefenster aufgebaut, mit dem Unterschied einer vertikalen Drehachse. Die Verbreitung ist aufgrund der relativ komplizierten Handhabung gering. Technisch gesehen gelten die gleichen Vorgaben an die Funktion der Dichtungen wie beim Schwingflügelfenster.

110.2.1.8 FENSTERTÜREN

Fenstertüren haben sich durch Verwendung der Rahmen- und Flügelprofile von Fenstern entwickelt und weisen als wesentliches Merkmal eine mit Fenstern idente Ausbildung der Rahmenfriese auf. Gegenüber konventionellen Türkonstruktionen ist der Vorteil von Fenstertüren, dass die Luft- und Schlagregendichtheit in einem weit höheren Maß gewährleistet ist. Darüber hinausgehend können auch unterschiedliche Öffnungs- und Bedienvarianten angeordnet werden. Ein Beispiel dafür ist der Einbau eines Drehkippbeschlages in einer Fenstertüre. Fenstertüren haben einen vergleichbaren Wärmeschutz wie Fenster. Auf die eventuell gesetzlich erforderliche Verwendung von Einscheibensicherheitsglas an der Innenscheibe bzw. auch an der Außenscheibe ist im Brüstungsbereich besonders zu achten.

110.2.1.9 HEBEDREHTÜREN

Die Hebedrehtüre ist eine Kombination aus einer konventionellen Türe unter Verwendung von Fensterprofilen. Die Verbesserung der Luft- und Schlagregendichtheit im unteren waagrechten Rahmenfries wird durch eine eigens dafür ausgebildete Schwellenform gelöst. Der Vorteil dieser Schwellenform gegenüber konventionellen Drehkipp- bzw. Drehfenstertüren ist, dass sie robuster sind gegenüber Beschädigungen durch Trittbelastung.

110.2.1.10 KIPP-SCHIEBE-ELEMENTFENSTER

Eine Weiterentwicklung aus Hebetüre und Fenstertüre stellt eine Kombination beider Funktionen im so genannten Kipp-Schiebe-Elementfenster dar. Durch das Kippen der Elemente kann eine leichtere Lüftung des Raumes erfolgen, und durch das Herausheben der Fenster aus der Dichtungsebene und dem seitlichen Wegschieben können unter anderem auch Stulpkonstruktionen gebaut werden, die speziell für den Terrassenbereich zu attraktiven großen Fensterkonstruktionen zusammengefasst werden können und eine maximale, kämpferfreie Öffnung des Raumes ermöglichen.

110.2.2 KONSTRUKTIONEN

Die Konstruktionsart basiert auf einer technologischen Entwicklung – ausgehend vom Einfachfenster mit Einfachverglasung und dem Kastenfenster (bzw. Doppelfenster) mit getrennt beweglichen Innen- und Außenflügeln hin zum Einfachfenster mit

Abbildung 110.2-02: Konstruktionsarten von Fenstern

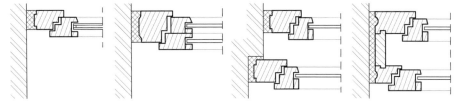

| EINFACHFENSTER | VERBUNDFENSTER | DOPPELFENSTER | KASTENFENSTER |

Mehrfachverglasung und dem Verbundfenster mit mechanisch verbundenen Innen- und Außenflügeln.
Die Art der Verglasung richtet sich nach den Anforderungen an Wärme-, Schall- und Sichtschutz. Dabei kann der zielführende Weg sowohl in zusätzlichen Verglasungsebenen als auch in speziellen Glasqualitäten liegen.

110.2.2.1 FALZAUSBILDUNGEN

Die konstruktive Ausbildung des Übergriffes zwischen Flügel und Stockprofil bzw. Flügel und Flügel (Stulpfenster) wird als Falz bezeichnet. Der Fensterfalz gehört bei öffenbaren Fenstern zur Konstruktion. Bei der Falzausbildung ist zu berücksichtigen:

- Fugendurchlässigkeit für kontrollierten Luftaustausch zwischen Flügel und Rahmen,
- Schlagregensicherheit, Wasser und Wind.

Die Falzdichtungen zwischen Flügel und Rahmen befinden sich umlaufend in einer Ebene und sind in den Ecken miteinander dicht verbunden. Ihre Ausführung ist von Konstruktion und eingesetztem Werkstoff bestimmt. Generelles Ziel ist, Wärmebrücken und Tauwasserbildung zu minimieren. Je nach konstruktiver Ausbildung kann der Fensterfalz mit ein bis drei unterschiedlichen Dichtebenen ausgeführt werden. Weiters befinden sich bei modernen Drehkippfensterkonstruktionen im Fensterfalz die Verriegelungselemente.
Die Falzausbildung von Fenstern hat sich aus einer stumpfen Rahmen-Ausbildung des Fensters entwickelt, wobei festzuhalten ist, dass bei einer falzlosen Ausbildung

ein beidseitiges Öffnen möglich wäre. Aufgrund einer fehlenden Wind- und Schlagregendichtheit ist jedoch diese Falzausbildung für bewitterte Fassaden ungeeignet.

Abbildung 110.2-03: Entwicklung der Falzausbildungen

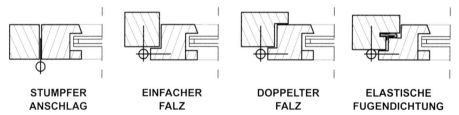

| STUMPFER ANSCHLAG | EINFACHER FALZ | DOPPELTER FALZ | ELASTISCHE FUGENDICHTUNG |

Grundsätzlich muss die Falzausbildung Fertigungstoleranzen wie auch die materialbedingten Toleranzen zwischen Flügel und Fensterstock ausgleichen. Die einfachste Form einer Falzausbildung wird in Abb. 110.2-03 dargestellt. Bei der doppelten Falzausbildung sind bereits zwei Übergriffe zwischen Flügel und Stock vorhanden, so dass sich damit auch zwei Dichtebenen ergeben. Aufgrund der Tatsache, dass Holzwerkstoffe zu einem hygrischen Quellen und Schwinden neigen (und dies im Jahresrhythmus bzw. auch Tagesrhythmus tun) und damit auch nicht als im engeren Sinne maßhaltige Bauteile bezeichnet werden, kann eine einwandfreie Dichtfunktion zwischen zwei Holzflächen nicht gewährleistet werden. Darüber hinaus würden auch Anstriche bei direktem Kontakt zu einem Verkleben der Bauteile neigen. Zum Toleranzausgleich der materialbedingten Stoffeigenschaften wie auch der Toleranzen der Fertigung wurden Dichtsysteme entwickelt, wobei je nach Falzausbildung bei heutigen Fensterkonstruktionen bis zu drei Dichtebenen vorgesehen werden. Die Dichtebenen sind entsprechend den bauphysikalischen Anforderungen angeordnet und müssen einerseits eine entsprechende Elastizität wie auch die notwendige Steifigkeit zur Erfüllung der Luft- und Schlagregendichtheit aufweisen. Je nach Konstruktion des Fensters ist darüber hinaus auch darauf zu achten, dass die Falzausbildungen zusätzliche Bewegungen zwischen Flügel und Stock ermöglichen. Ein Beispiel dafür stellen Hebe-Drehtüren dar, bei denen ein Verschieben des Flügelprofils in der Ebene zu Scherbewegungen der Fuge führt.

Durch Berücksichtigung der Anforderungen von bewegungsbehinderten Personen an die Ausführung von Wohnräumen kam es zu einer Limitierung der Schwellenhöhe. Diese ist in Bauordnungen nunmehr mit 3 cm festgelegt, so dass eine spezielle Ausbildung der Fenstertüren entwickelt werden muss. Das Problem bei diesen Ausführungen stellt eine konstruktive Ausbildung einer befahrbaren, trittsicheren und zugleich optimal entwässernden Falzausbildung des unteren Frieses dar (siehe Bd. 12: Türen und Tore [22]).

110.2.2.2 FENSTER MIT EINFACHVERGLASUNG

Fenster mit einer einfachen Verglasung (Einscheibenverglasung) stellen die Standardform dar. Fenster dieser Art werden in Bereichen ohne Wärmeschutzanforderungen, im Portalbau sowie auch für untergeordnete Zwecke (z.B. Kellerfenster etc.) verwendet. Aufgrund der geringen Flügelgewichte erlauben Einfachfenster extrem schmale Ansichtsbreiten der Flügel- und Stockprofile und wirken dadurch schlank und elegant. Durch den fehlenden Wärmeschutz sind Einfachfenster besonders kondensatgefährdet und müssen daher auch entsprechend ausgebildet werden. Die Kondensatbelastung kann bei dem Werkstoff Holz zu einer Schädigung durch Holz zerstörende

Pilze führen. Ebenso ist darauf zu achten, dass im Stahlfensterbau ein entsprechender Korrosionsschutz vorgesehen wird, um hier Schäden zu verhindern.

110.2.2.3 KASTENFENSTER

Beim Kastenfenster wird unterschieden in eine Variante, bei der beide Flügel nach innen aufgehen („*Wiener Typ*"), sowie dem Kastenfenster ohne äußeren vorgesetzten Stockprofil, bei dem die inneren Flügel nach innen und die äußeren Flügel nach außen aufgehen („*Grazer Typ*"). Anwendungen findet das Kastenfenster auch in Altbauten und bei Renovierungen denkmalgeschützter Fassaden. Es gewinnt in der heutigen Zeit wieder stark an Bedeutung, gerade dann, wenn hohe Anforderungen an den Schallschutz gestellt werden. Bei der Konstruktion der Kastenfenster ist darauf zu achten, dass der Innenflügel mit einer umlaufenden Dichtung ausgestattet wird, da der Flügelzwischenraum nach außen hin belüftet werden muss.

Abbildung 110.2-04: Öffnungsarten von Kastenfenstern

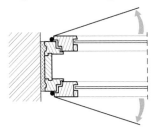
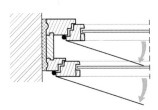

Speziell bei Stulpfensterausführungen ist auf die Ausführung der Übergriffe der Dichtungen des Stulpes auf der Raumseite besonders zu achten. Die Konstruktion ist so auszuführen, dass eine Luftströmung von der Raumseite in den Flügelzwischenraum vermieden wird (Kondensatbildung).

Tabelle 110.2-01: Wärmedurchgangskoeffizienten – Kastenfenster

	Verglasung U_g [W/m^2K]	Fenster U_w [W/m^2K]
Doppelverglasung (g ~ 0,53) aus Einfachglas und Isolierglas mit U_g = 3,0 (innen)	1,6	1,6 bis 1,9
Doppelverglasung (g ~ 0,70) aus Einfachglas und Einfachglas	2,1	2,0 bis 2,3
Doppelverglasung (g ~ 0,61) aus Einfachglas und Einfachglas	1,8	1,8 bis 2,0

Tabelle 110.2-02: Schallmesswerte – Kastenfenster

	Glasart und -dicke außen [mm]	Scheibenzwischenraum [mm]	Glasart und -dicke innen [mm]	Schallschutz [dB]
Außenflügel und Innenflügel ohne Dichtung	Einfachglas 3	165	Einfachglas 3	34
Außenflügel ohne Dichtung, Innenflügel 1 Dichtung	Einfachglas 4	70	Einfachglas 4	37
Außenflügel ohne Dichtung, Innenflügel 1 Dichtung	Einfachglas 5	150	Isolierglas 6/14/4	48
Außenflügel 1 Dichtung, Innenflügel 2 Dichtungen	Gießharz 9/12/6	145	Isolierglas 6/14/4	52

110.2.2.4 VERBUNDFENSTER

Unter Verbundfenster wird eine Konstruktion verstanden, bei der die Flügel aus zwei miteinander verbundenen Teilflügeln hergestellt werden. Durch die Anbringung von zwei Einfachverglasungen konnte eine deutliche Verbesserung des Wärmeschutzes und eine Reinigungsmöglichkeit des Zwischenraumes erzielt werden. Wichtig für die dauerhafte Funktion eines Verbundfensters ist (wie auch bei anderen Fenstern) jedoch die Kondenswasserfreiheit. Für diese Vorgabe muss der innere Flügel der Gesamtflügelkonstruktion mit einer Dichtebene zum Stockprofil versehen werden. Speziell in der Vergangenheit ist es hier immer wieder zu Schäden bei Holzfenstern gekommen. Durch einen undichten Anschluss der Dichtebene ergab sich eine erhöhte Kondensatbelastung im Scheibenzwischenraum und in weiterer Folge die Schädigung des Holzes.

Eine Weiterentwicklung des Verbundfensters stellt die Kombination einer Einfachverglasung mit einer Isolierverglasung bzw. mit zwei Isolierverglasungen für hochwertige Schallschutzfenster dar. Verbundfenster können mit den gleichen Funktionen wie normale Einfachfenster mit Isolierverglasung ausgeführt werden.

110.2.2.5 FENSTER MIT ISOLIERVERGLASUNG

Das Einfachfenster mit Isolierverglasung stellt heute den Standardtyp im Fensterbau dar. Diese Konstruktion hat sich aus dem Zusammenziehen der beiden einfachverglasten Scheiben des Verbundfensters entwickelt. Die Verbesserung der wärmetechnischen Eigenschaften der Verglasung vom Rahmen ist durch die Entwicklung eines Isolierglases gelungen. Mithilfe von Isoliergläsern, die in Zweifach- und Dreifachausführung am Markt sind, können heute hochwertigste Fensterkonstruktionen bei im Verhältnis relativ geringen Flügelgewichten gebaut werden. Fenster mit Isolierverglasung werden in den Werkstoffen Holz, Holz-Alu, Kunststoff, Stahl und Aluminium in unterschiedlichen Ausformungen hergestellt.

110.2.2.6 DACHFLÄCHENFENSTER

Im Zuge der verstärkten Nutzung des Dachraumes für Wohnzwecke ist zur ausreichenden Belichtung und Belüftung der Einbau von Fenstern erforderlich. In der überwiegenden Zahl der Fälle werden diese in der Dachfläche, als vorgefertigter Bauteil, eingebaut (meist in einem-, seltener über mehrere Sparrenfelder). Die Wärme- und Schallschutzanforderungen entsprechen jenen für Fenster, die in der Wandfläche angeordnet sind. Die Niederschlagsbelastung ist bei Schrägverglasungen allerdings größer als bei senkrechten Fenstern. Ebenso ist der Ableitung des Niederschlagswassers erhöhte Aufmerksamkeit zu widmen.

Abbildung 110.2-05: Wasserableitung bei Dachflächenfenstern [29]

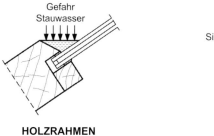

HOLZRAHMEN METALLRAHMEN

Zur Gewährleistung einer dauerhaften Dichtigkeit wird die Verglasung in einem Metallrahmen (Aluminium) eingesetzt, die dünne Glasanschlussfuge wird mit dauerelastischem Kitt gedichtet. Bei Verwendung dicker Rahmenmaterialien (z.B. Holz) würde im unteren Glasfalz immer Wasser stehen bleiben. Dieser Metallrahmen wird bei Holzfenstern auf den Flügelrahmen aufgespannt, bei Metallfenstern in das Flügelprofil integriert. Eine Variante der Dichtung besteht in der Verwendung von speziellen Dichtprofilen. Der Stockrahmen wird mittels Montagewinkel an Sparren bzw. Wechselhölzern befestigt, die wasserdichte Verbindung zur Dachdeckung übernimmt ein Eindeckrahmen (Aluminium). Dachflächenfenster werden in der Regel mit Schwingflügeln ausgeführt, seltener mit Schiebeflügeln. Die Parapethöhe richtet sich nach der Dachneigung und der Fensterhöhe (ca. 90 bis 110 cm über Fußbodenoberkante).

110.2.3 MATERIALIEN

Die Wahl des Fensterbaustoffes, in Bezug auf Gestaltung und Konstruktion, berücksichtigt in erster Linie architektonische Vorstellungen. Spezielle Anforderungen zufolge der Raumnutzung oder des Verwendungsortes (extreme Witterungsverhältnisse) bilden zusammen mit den zu erwartenden Gestehungs- und Erhaltungskosten weitere Gesichtspunkte.

Die erzielbaren bauphysikalischen Werte sind in der Größenordnung miteinander vergleichbar. Die höhere Wärmeleitfähigkeit von Metall und Kunststoff gegenüber dem traditionellen Fensterbaustoff Holz wird durch thermische Trennungen (Ausschaltung von Wärmebrücken) und den Einsatz von Profilen im Mehrkammersystem ausgeglichen.

110.2.3.1 HOLZ UND HOLZWERKSTOFFE

Der älteste Rahmenwerkstoff für Fenster ist mit Sicherheit Holz. Gut erhaltene Holzfenster können ein Alter von mehr als 100 Jahren aufweisen. Für die Dauerhaftigkeit von Holzfenstern sind der konstruktive und der chemische Holzschutz von maßgeblicher Bedeutung, da Holz als organischer Werkstoff einem Alterungsprozess unterliegt. Die Kriterien für die Wahl der Holzart bzw. des Holzwerkstoffes für Fenster sind

- die Beständigkeit gegen Holz zerstörende Pilze und Insekten,
- die Beständigkeit gegen UV-Belastung und Wärmebeanspruchung,
- das Quell- und Schwindverhalten des Holzes,
- die technologischen Eigenschaften der Verarbeitung (Verleimung, Lackierung etc.),
- die Qualität und Optik der Oberfläche sowie
- die Instandhaltungskosten.

Holz als organischer Werkstoff unterliegt einem Alterungsprozess und verlangt daher eine fortlaufende, regelmäßige Pflege, um die Funktion des Bauteiles zu sichern. Vorteile sind die leichte Bearbeitbarkeit und die geringen Produktionskosten. Die bestgeeignete Holzart ist, aufgrund des hohen Harzanteiles (Erhöhung der Witterungsbeständigkeit), die heimische Föhre. Andere in- und ausländische Holzarten werden durch Vorbehandlung veredelt. ÖNORM B 5312 enthält als geeignete europäische Holzarten die Fichte, die Kiefer, die Lärche, die Tanne, die Douglasie und die Eiche.

Tabelle 110.2-03: Laubhölzer für Fensterbau [96]

Holzart	Kurzbezeichnung	Wuchsgebiet	Farbe	Holzarttypische Eigenart	Feuchtigkeitsangleichgeschwindigkeit	Rohdichtebereich bei 12-15% Holzfeuchte	Eignung als lamelierte Fensterkantel	Eignung als Vollholz für Fenstereinbau	Anmerkungen
Afzelia	AFXX (AFZ)	Westafrika	Kern: gelblich bis hellbraun, Splint: grau	hart, Trocknung schwierig	sehr gering	0,73-0,85	keine Erfahrung	bewährt	
Eiche	QXCE QXCA (EI) (EIW)	Europa, Nordamerika	Kern: graugelb bis hellbraun und dunkelbraun, Splint: grau	Gerbsäure führt bei Eisenkontakt zu Dunkelfärbung	gering	0,67-0,77	Nachweis erforderlich	bewährt	
Framire	TMIV (FRA)	Westafrika	Kern: grün	Gerbsäure führt bei Eisenkontakt zu Dunkelfärbung, wasserlösliche Inhaltsstoffe	mittel	0,45-0,60	keine Erfahrung	bewährt	
Iroko	MIXX (IRO)	Westafrika	Kern: gelbbraun bis olivbraun	anstrichinhabierende Inhaltsstoffe	sehr gering	0,60-0,73	bewährt	bewährt	
Khaya Mahagoni	KHXX (MAA)	Westafrika	Kern: hellrot später rotbraun		gering	0,48-0,60	keine Erfahrung	bewährt	
Mahagoni	SWMC (MAE)	tropisches Mittel- und Südamerika	Kern: gelb bis rotbraun, Splint: grau	Unterschiedliche Lieferungen (Farbton)	sehr gering bis gering	0,45-0,60	bewährt	bewährt	
Meranti Rotes	SHDR SHLR (MER)	Südostasien	Kern: hellrosabraun bis dunkelrotbraun, Splint: gelblich/rosa grau	Partien mit stark unterschiedlichen Eigenschaften	gering bis mittel	0,35-0,60	bewährt	bewährt	
Merbau	INXX (MEB)	Südostasien, Neuguinea	Kern: hellbraun bis rötlichbraun, Splint: gelblichweiß	wasserlösliche Inhaltsstoffe	sehr gering	0,75-0,85	keine Erfahrung	bewährt	Gefahr der Farbstoffauswaschung
Niangon	HEXN (NIA)	Westafrika	Kern: hellbis dunkelrotbraun, Splint: rötlichbraun	fettige Inhaltsstoffe	sehr gering	0,58-0,72	keine Erfahrung	bewährt	
Sipo Mahagoni	ENUT (MAU)	Westafrika	Kern: rötlichbraun bis braunviolett, Splint: rötlichbraun		sehr gering	0,57-0,70	bewährt	bewährt	
Teak	TEGR (TEK)	Myanmar, Java	Kern: goldgelb später nachdunkelnd	fettige Inhaltsstoffe	sehr gering	0,60-0,75	keine Erfahrung	bewährt	
Esche	FXEX	Europa	gelblichweiß		gering	0,41-0,82	bewährt	bewährt	

Tabelle 110.2-03 und Tabelle 110.2-04 geben die heute in Europa üblichen Holzarten für Fensterhölzer wieder. Zusätzlich dazu sind die technologischen Eigenschaften sowie die Kurzbezeichnungen gemäß EN 13556 [96] und zum Vergleich in Klammer auch die alten Abkürzungen nach DIN 4076 Teil 1 [51] eingetragen. Die Feuchtigkeitsangleichgeschwindigkeit bei wechselndem Umgebungsklima ist eine Kenngröße für die Fähigkeit des Holzes, aus der Umgebungsluft, d.h. ohne direkten Kontrakt, Feuchtigkeit aufzunehmen. Je träger die Holzart ist, desto geringer sind die hygri-

schen Verformungen, und desto geringer ist auch die Gefahr, dass die Holzfeuchtigkeit langfristig ein für Holz zerstörende Pilze günstiges Niveau erreicht. Holz mit einer Ausgleichsfeuchtigkeit von > 18 M-% wird in der Regel von Holz zerstörenden Pilzen befallen und beschädigt. Ein konstruktiver Holzschutz, der eine Vermeidung einer dauerhaften Durchfeuchtung des Holzes ermöglicht, ist daher unbedingt vorzusehen. Für die Bearbeitung wird Holz bei einer Ausgleichsfeuchtigkeit von unter 14 M-% verwendet (üblicherweise 12 M-%), wobei diese Holzfeuchtigkeit je nach Rohdichte des Holzes bzw. der Holzart schwanken kann. Holzausgleichsfeuchtigkeiten unter 14 M-% benötigen eine künstliche technische Trocknung. Wird zu feuchtes Holz verwendet, kommt es zu Schwinderscheinungen, wenn das Holz auf die Ausgleichsfeuchtigkeit abtrocknet. Damit verbunden kann es zu Deformationen der Rahmenprofile und zur Beeinträchtigung der Fensterfunktion kommen.

Tabelle 110.2-04: Nadelhölzer für Fensterbau [96]

Holzart	Kurzbezeichnung	Wuchsgebiet	Farbe	Holzarttypische Eigenart	Feuchtigkeitsangleichgeschwindigkeit	Rohdichtebereich bei 12-15% Holzfeuchte	Eignung als lamelierte Fensterkantel	Eignung als Vollholz für Fenstereinbau	Anmerkungen
Carolina Pine	PNTD (PIR)	südöstliches Nordamerika	gelblich-weiß bis blassbraun		groß	0,57-0,67	keine langfristige Erfahrung	ungeeignet	hoher Splintanteil erforderlich zusätzliche Schutzmaßnahmen
Fichte	PCAB (FI)	Europa	gelblich bis rötlich-weiß	Harzgallen	mittel	0,40-0,50	bewährt	bewährt	
Hemlock	TSHT (HEM)	nordwestl. Nordamerika	weißlich-grau bis hellgraubraun	etwas spröde	mittel	0,44-0,51	bewährt	bewährt	
Kiefer	PNSY (KI)	Europa	Kern: gelb- bis rotbraun, Splint: hellgelb	harzhaltig	Kern: mittel, Splint: groß	0,44-0,60	bewährt	bewährt	hoher Splintanteil erforderlich zusätzliche Schutzmaßnahmen
Lärche	LAER (LA)	Mittel- und Osteuropa, Nordamerika, Nordostasien	Kern: rotbraun, stark nachdunkelnd, Splint: gelblich	harzhaltig etwas spröde	Kern: gering, Splint: groß	0,47-0,62	bewährt	bewährt	
Oregon Pine	PSMN (DGA)	westliches Nordamerika	Kern: gelb bis rotbraun, Splint: weiß	harzhaltig	Kern: gering, Splint: groß	0,46-0,57	bewährt		
Douglasie	PSMN (DGA)	Mitteleuropa	Kern: gelb bis rotbraun, Splint: weiß	harzhaltig	Kern: gering, Splint: groß	0,50-0,66	Nachweis erforderlich	keine Erfahrung	
Sitka Spruce	PCST (FIS)	westliches Nordamerika	Kern: hellrosa, Splint: gelblichweiß		mittel	0,43-0,52	bewährt	bewährt	
Tanne	ABAL (TA)	Mittel-Südeuropa	weiß bis weißgrau, im Alter rötlich bis violett		mittel	0,40-0,50	bewährt	bewährt	
Western Red Cedar	THPL (RCW)	westliches Nordamerika	Kern: rötlich-braun, Splint: hell	Gerbsäure führt bei Eisenkontakt zu Dunkelfärbung und Korrosion	gering	0,33-0,41	Nachweis erforderlich	bewährt	Gefahr der Auswaschung von Inhaltsstoffen
Western White Spruce	PCGL (SWW)	westliches Noramerika	weiß bis blassgelbbraun		mittel	0,42-0,54	bewährt	bewährt	

Aufgrund der immer größer werdenden Dimensionen von Fensterstock- und Flügelprofilen in Breite und Dicke müssen große Brettdicken für die Verarbeitung herangezogen werden. Aufgrund der Rohstoffsituation der einzelnen Holzarten ist dies jedoch nicht immer einfach möglich. Holz für den Einsatz für Fenster sollte kerngeschnittene Ware sein, um die ungünstigen Quell- und Schwindbewegungen auf ein Minimum zu reduzieren. Eine Möglichkeit für die Verringerung des Quell- und Schwindverhaltens von Holz ist die Herstellung von lamellierten Fensterkanteln. Bei dieser Methode werden in der Regel drei längsorientierte Holzschichten miteinander verleimt, wobei die mittlere Lage mit Ästen oder allgemeinen Holzfehlern versehen sein kann, während die Decklagen astfrei sein sollten. Für Rundbogenfenster werden segmentförmig verleimte Kanteln verwendet, die dann mithilfe von Frässchablonen in Form gebracht werden. Die mittlere Lage wird durch eine Längsverbindung mit Mikro- oder Minizinken längsgestoßen, Holzfehler können auf diese Art und Weise aus der mittleren Decklage herausgeschnitten werden.

Problematisch für die Verwendung von Holz stellen sich die Quell- und Schwindeigenschaften des Materials dar. Für maßhaltige Bauteile sollte diese Quell- und Schwindneigung auf ein möglichst geringes Maß reduziert werden. Dies erfolgt durch Beschichtung bzw. durch Vorsatzschalen (Aluminiumvorsatzschale bei Holz-Alu-Fenster).

Die durch wechselnden Feuchtigkeitsgehalt hervorgerufenen Volumenänderungen des Holzes bezeichnet man auch als „Arbeiten" des Holzes. Die geringsten Längenänderungen treten dabei in Faserrichtung mit 0,1 M-% [Masse-%] auf, senkrecht zur Faser liegen sie bei ca. 3 bis 5 M-% (radial) bzw. bis zu 10 M-% (tangential) bei einer Feuchtigkeitsänderung von 0 auf 30 M-% (trocken zu Fasersättigung).

Die Festigkeit des Holzes ist sehr stark vom Feuchtigkeitsgehalt (mit steigender Feuchtigkeit nimmt die Festigkeit ab) und von der Orientierung der Fasern abhängig. Die Holzstruktur ist, entsprechend den Belastungen in der Natur, vornehmlich auf Biege- und Zugbelastungen ausgelegt. Unterhalb des Fasersättigungspunktes (ca. 30 M-%) wird das Wasser von den Zellwänden aufgenommen, die dadurch quellen und erweichen. Diese Erweichung wird mit einer verringerten inneren Kohäsion der Holzfasern durch die Anlagerung von Wassermolekülen erklärt. Da die Feuchtigkeit oberhalb des Fasersättigungspunktes nur noch als freies Zellwasser aufgenommen wird, wird die Festigkeit in diesem Bereich davon nicht mehr durch die Feuchtigkeit beeinflusst. Nicht beschichtete Fenster bzw. nicht lackierte Fenster sind auf die Dauer für hochwertige Anforderungen als nicht geeignet anzusehen, da es durch die Quell- und Schwindeigenschaften des Holzes es zu laufenden Verformungen insbesondere im Bereich der Fenstereckverbindungen kommt.

Für die technologischen Anforderungen an den Holzwerkstoff ist auch die Rohdichte des Holzes ein maßgeblicher Parameter. Speziell für den Einsatz von Fenstern in Brandabschnitten kommen hier Hölzer mit einer Rohdichte von über 600 kg in Frage. Die klassische Holzart für diesen Anwendungszweck ist Eiche. Es wurden jedoch auch mit Esche wie auch Mahagoni-Ersatzholzarten wie Meranti sehr gute Ergebnisse erzielt. Die Wärmedehnung ist bei allen Holzarten außerordentlich gering und beträgt ca. 30–70 [μm/mK]. Letztendlich sind auch die chemischen Eigenschaften von Hölzern bei der Verleimung maßgeblich für deren Einsatz. Die Holzart Eiche beispielsweise zeigt ein nicht unproblematisches Verhalten bei Verleimung und Beschichtung. Ähnliches kann ebenfalls bei Tropenhölzern auftreten.

Für frei bewitterte und beschichtete Holzoberflächen sollte nur qualitativ hochwertiges Holz (Tischlerware) verwendet werden. Äste oder Ähnliches führen in der Regel zu Rissbildungen und zu einem Aufreißen der Holzoberfläche. Bläuepilze sind nur bei deckend beschichteten Holzprofilen tolerierbar. Durch Holz zerstörende Insekten geschädigtes darf keinesfalls, auch nicht für untergeordnete Konstruktionen wie Blindstöcke oder Ähnliches, verwendet werden.

Holzfehler

Holz weist als natürlich gewachsener Rohstoff Fehler im Gefüge auf. Diese Fehler sind auf Einflüsse während des Wachstums durch besondere Lebensbedingungen, durch Schädlingsbefall oder durch mechanische Einflüsse zurückzuführen. Die wichtigsten Fehler der Stammform sind die Abholzigkeit, die Krummschäftigkeit bzw. der exzentrische Wuchs und der Drehwuchs. Im anatomischen Bau des Holzes sind eine starke Ästigkeit, Reaktionsholzbildung, Harzgallen und Maserwuchs als Fehler zu bezeichnen.

Unter Holzfehlern werden für den Fensterwerkstoff folgende Arten unterschieden:

- Äste, lose durchfallende Äste oder schwarze Äste, Flügeläste,
- Verfärbungen (z.B. Bläuepilze o.ä.),
- Holz zerstörende Pilze,
- Holz zerstörende Insekten.

Holzfehler → Bilder 110.2-01 bis 06

Holz wird als organischer Baustoff von tierischen Schädlingen und von Pilzen angegriffen. Bei der Gruppe der *tierischen Schädlinge* sind Larven und fertige Insekten zu nennen. Die größte Gruppe der Insekten stellen die Bockkäfer, erkenntlich an den körperlangen Fühlern (z.B. der Hausbock), dar. Die Bockkäfer sind nur im Larvenstadium Holz schädigend (*"Holzwurm"*). Bei trockenen Edelhölzern (Möbel) tritt häufig die Totenuhr, ein kleiner Käfer erkennbar an seinem ca. 1,5 mm runden Flugloch, auf. Die große Gruppe der *Pilze* kann in Holz zerstörende und in nur verfärbende Pilze unterschieden werden. Die wichtigsten Vertreter sind die Braun- und Weißfäule, der Haus- und Kellerschwamm und die Blättlinge. Pilze brauchen für ihr Wachstum eine Holzfeuchtigkeit von > 18 M-%. Der Schutz des Holzes vor Feuchtigkeit ist für die Beständigkeit daher unerlässlich!

Profilgestaltung

Für Holzfenster gibt es ein weites Spektrum an möglichen Holzprofilen. Im Wesentlichen geht es darum, anfallende Feuchtigkeit sicher abzuleiten. Sie darf nicht in die Profile eindringen. Gleichzeitig sind die Fensterprofile so auszuführen, dass ein beschichtungsfreundlicher Untergrund vorhanden ist. Ein Runden der Profilkanten der Witterungsseite ist unbedingt notwendig. Aus fertigungstechnischen Gründen wird die Rundung auch über die Rahmenecke geführt. Als Mindestradius werden Rundungen von etwa 2 mm gefräst, wobei auf einen kantenfreien Übergang der Rundung zur Fläche zu achten ist. Der seitliche Anschluss der Regenschutzschiene zum Rahmen ist abzudichten. Die Öffnungen im Glasfalzbereich haben die Aufgabe, einen Dampfdruckausgleich herzustellen und eindringende Feuchtigkeit abzuführen (Bilder 110.2-07 bis 12).

Materialien

Abbildung 110.2-06: Fensterprofilkonstruktion für Kasten/Verbundfenster

Moderne Isolierglasfenster mit Zwei- oder Dreischeibenverglasungen werden mit mindestens zwei Dichtebenen ausgeführt. Für die Anwendung im Wohnbau haben sich eine Mitteldichtung sowie eine zusätzliche innere Dichtebene bewährt. Wie in Abb. 110.2-07 dargestellt wird für den konstruktiven Holzschutz eine Regenschutzschiene eingesetzt. Die seitliche Abdichtung der Regenschutzschiene zu den vertikalen Stockprofilteilen muss sorgfältig abgedichtet werden, da es sonst hier zu einer Durchfeuchtung der Holzsubstanz und in weiterer Folge zu einer Schädigung durch Holz zerstörende Pilze kommen kann. Eine thermische Trennung der Dichtebene von der Aluminium-Regenschutzschiene ist zur Vermeidung eines Anfrierens der Dichtung bei Außentemperaturen unter dem Gefrierpunkt notwendig. Moderne Konstruktionen weisen thermisch getrennte Regenschutzschienen aus Aluminium auf. Für die versenkte Montage der Beschläge wird umlaufend in das Flügelprofil eine Nut eingefräst (Euro-Nut). In diese Nut werden die entsprechenden Beschlagskomponenten verschraubt.

Abbildung 110.2-07: Konstruktionsbeispiele für Profil ES mit Einfachdichtung im Stock ÖN B 5315-1 [75]

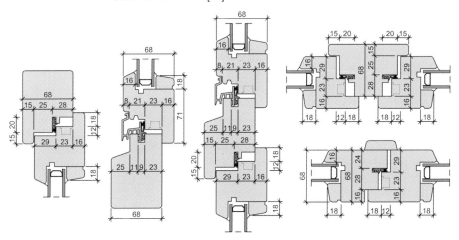

Abbildung 110.2-08: Konstruktionsbeispiele für Profil V – Verbundfenster ÖN B 5315-2 [76]

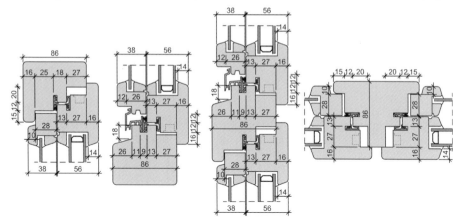

Klebetechnologie, Eckverbindungen

Fensterstock- und Fensterflügelrahmen werden seit jeher mit einer Schlitz- und Zapfenverbindung hergestellt. Bei dieser Schlitz- und Zapfenverbindung werden die vertikalen Rahmenteile mit Schlitzen versehen und die horizontalen Rahmenteile als Zapfenstücke ausgebildet. Die ursprünglichen einfachen Schlitz- und Zapfenverbindungen wurden aufgrund der größeren Profilquerschnitte (Profildicken) als Zwei- und Dreifachzapfen modifiziert. Die Gestaltung bzw. die Lage der einzelnen Zapfen zueinander wird maßgeblich vom Profilquerschnitt bzw. auch von der Nutverbindung bestimmt. Für die Verklebung der Schlitz- und Zapfenverbindungen werden überwiegend Kunststoffdispersionsleime auf Harnstoff-Formaldehydharzbasis verwendet. Die Qualität des Leimes soll einer kochfesten Verleimung entsprechen. Problematisch bei einer Schlitz- und Zapfenverbindung ist der Leimauftrag bzw. das so genannte Wegschieben der Leimschnur von der Schlitz- und Zapfenverbindung, da es sich dabei um eine Schiebeverleimung handelt und beim Einsetzen des Zapfenstückes in den Schlitz an den Seitenflächen der Leimauftrag abgewischt werden kann. Die frisch verleimten Rahmen werden in hydraulischen Pressen bis zum Abbinden des Leimes eingespannt.

Es ist darauf zu achten, dass die Verbindung Hirnholz – Längsholz (Zapfenbrust) vollflächig verleimt wird. Eine Stabilisierung der Rahmenverbindungen kann z.B. bei Schlitz-Zapfen-Eckverbindungen mit der Anbringung des ersten Wechsels von Schlitz und Zapfen im Glasfalzbereich erfolgen. Eine Variante für Eckverbindungen, die sich aber nicht durchgesetzt hat, ist eine Verbindung mit Mikrozinken über Gehrung.

Beschichtung (Lackierung, Lasierung, Dickbeschichtung)

Für die Beschichtung von Holzfenstern haben sich mehrere Varianten durchgesetzt. Die konventionelle deckende Beschichtung wird aus Grundierung und mindestens zwei Decklagen aufgebaut. Als deckende Beschichtungen kommen Alkydharzlacke wie auch Firnislacke zur Anwendung. Eine Variante der Beschichtung für Fenster stellt die Dickschichtlasur dar. Die Dickschichtlasur wird mit pigmentierten Beschichtungen auf Basis von Alkydharzen bzw. natürlichen härtenden Ölen hergestellt und stellt keinen deckenden Anstrich dar. Für einen UV-Schutz des Holzes werden jedoch Farbpigmente beigesetzt, da die UV-Strahlung Zellulose schädigt und es in weiterer Folge bei höheren Einstrahlungen zu einer

Schädigung des Verbundes zwischen Lasierung und Deckbeschichtung kommt. Dunkle Anstriche verursachen bei Sonneneinstrahlung im mittel- und südeuropäischen Klimabereich Oberflächentemperaturen bis ca. 80°C. Bei harzreichen Holzarten wie z.B. Kiefer ist Austritt von Harz unvermeidbar. Zudem folgen aus dieser Erwärmung starke Beanspruchungen der Konstruktion. Aufgrund hoher Oberflächentemperaturen trocknen die äußeren Zonen des Holzes schneller aus als die innen liegenden Holzschichten. Die Austrocknung und auch die Feuchtigkeitsaufnahme wird durch unzureichenden Anstrichschutz, wie dies bei Dünnschichtlasuren der Fall wäre, noch verstärkt. Durch einen ungenügenden Oberflächenschutz, der nicht in der Lage ist, Feuchtigkeitsschwankungen im Holz zu verhindern, entstehen Spannungen, die an der Oberfläche zu Rissbildungen führen. Dadurch besteht die Möglichkeit eines vermehrten Eintretens von Feuchtigkeit und einer fortschreitenden Schädigung des Anstrichsystems.

Abbildung 110.2-09: Auswirkungen der UV-Strahlung auf die Holzoberfläche in Abhängigkeit von der Pigmentierung

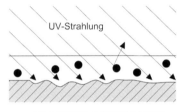 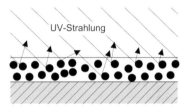

ZU GERING PIGMENTIERT
HOLZABBAU

AUSREICHEND PIGMENTIERT
HOLZSCHUTZ

Farblose oder sehr helle Lasuren bringen ebenfalls Probleme mit sich, da sie durch ihren zu geringen Pigmentanteil nicht in der Lage sind, die auf die Oberflächen auftreffenden UV-Strahlen von der Holzoberfläche fernzuhalten. Es tritt ein Ligninabbau auf, und die Verbindung vom Holz zur Lasuroberfläche ist gestört, der Anstrich blättert ab. Lasuren müssen deshalb eine ausreichende Pigmentierung aufweisen. Außerdem ist es notwendig, zum Schutz des Holzes ausreichend dicke Schichten des Anstrichmaterials aufzubringen.

Beispiel 110.2-01: Produktbeispiele Holzfenster [99][102]

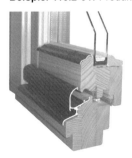  

Nach den Vorgaben in den Güte- und Prüfbestimmungen RAL-RG 424/1 für Holzfenster soll ein Fenster vor dem Einbau in ein Gebäude eine Trockenschichtdicke des Anstrichmaterials von 30 µm aufweisen, Lasursysteme sollen eine Dicke von 60 µm und deckende Systeme eine Dicke von ca. 100 µm aufweisen. Für die Bestandsdauer von Beschichtungen ist auch die Wartung des Anstriches oder der Beschichtung entscheidend. Üblicherweise muss in Intervallen von zwei bis fünf Jahren (je nach Exposition des Fensterbauteils) die Beschichtung kontrolliert und ausgebessert werden. Bereits kleine Verletzungen der Deckschicht, wie sie durch nicht deckende Risse entstehen, können zu einer Hinterwanderung bzw. Durchfeuchtung der Holzsubstanz führen. Bei Überschreiten einer Holzfeuchtigkeit von mehr als 18 M-% kann hier zusätzlich ein örtlicher Angriff durch Holz zerstörende Pilze zu einer Schädigung der Holzsubstanz führen.

110.2.3.2 ALUMINIUM

Die Verwendung von Hohlprofilen aus Aluminium verbindet eine hohe Ausführungsgenauigkeit mit vielseitiger Gestaltungsmöglichkeit des Fensterelementes (Profilierung im Strangpressverfahren, Oberflächenbehandlungen, Farbgestaltung durch Lackieren oder Kunststoffbeschichtung), speziell in Verbindung mit einer Aluminium-Vorhangfassade. Den relativ hohen Investitionskosten der Herstellung stehen geringe Unterhaltskosten gegenüber. Die Erzeugung von Aluminium selbst benötigt einen hohen Primärenergieanteil, so dass ein ökologischer *„Rucksack"* den Werkstoff Aluminium belastet. Für die heute am Markt befindlichen Aluminiumprofile wird fast ausschließlich stranggepresste Ware verwendet. Aluminium weist von Natur aus einen relativ hohen Korrosionsschutz auf. Problematisch ist jedoch die Verbindung mit anderen metallischen Werkstoffen; hier kann es zu Kontaktkorrosion z.B. bei Befestigungselementen in Verbindung mit Vorhangfassaden kommen. Eine sorgfältig ausgebildete Konstruktion ist erforderlich (Bilder 110.2-20 und 21).

Aluminium weist eine sehr hohe Wärmeleitfähigkeit auf und muss daher für den Einsatz als Fensterprofil *„modifiziert"* werden. Diese Modifikation (thermische Trennung) der Aluminium-Hohlprofile erfolgt durch Einsatz von Kunststoffstegen, die zwischen die Aluminiumprofile eingesickt werden. Der Glasfalz ist zur Ableitung von eingedrungenem Schlagregen oder Tauwasser (bei Beschädigung der Scheibendichtung) mit einer Entlüftung und Entwässerung versehen.

Die Eckverbindung von Aluminium-Fensterprofilen erfolgt in der Regel durch Schweißen oder durch mechanisches Sicken mit Eckprofilen. Als Oberflächenschutz kommen Pulverbeschichtung oder Eloxieren in Frage.

Beschichtungstechnologie

Für den Witterungsschutz und die farbliche Gestaltung der Aluminiumprofile wird entweder eine Eloxierung oder eine Pulverbeschichtung eingesetzt. Eloxieren nennt man das elektrische Oxidieren von Metalloberflächen. Dabei wird durch einen elektrochemischen Prozess die Oberfläche des Metalls chemisch umgewandelt und bis zu einer gewissen Dicke porös. Nach dem Eloxiervorgang werden die Poren durch Versiegeln geschlossen und die chemische Zwischenverbindung in ihre Endform überführt.

Taucht man das Bauteil vor dem Versiegeln in ein passendes Färbemittel, so lagert sich dieses in den Poren ein und wird mitversiegelt. Dies geschieht durch Einlagerung von Metall aus einer Metallsalzlösung am Porengrund der Oxydschicht. Je nach Arbeitsbedingungen lassen sich Färbungen zwischen Hellbronze und Schwarz erstellen. Die so gewonnenen Einfärbungen sind licht- und wetterbeständig.

Unter einer Pulverbeschichtung versteht man das Aufbringen einer organischen Pulverlackschicht nach einer Vorbehandlung. Die Teile werden vor der Beschichtung entfettet, um eine optimale Haftung zu gewährleisten. Bei der Pulverbeschichtung werden Epoxidharz-, Polyester- oder Mischpulver mit einem elektrostatischen Verfahren aufgebracht und bei 160–200°C auf der Metalloberfläche eingebrannt. Das trockene Beschichtungspulver wird dabei mittels Druckluft zur Sprühpistole gefördert. In der Pistole entsteht aus einer Nieder-Spannung von 10 V nach dem Kaskadenprinzip Hochspannung, und eine oder mehrere Elektroden laden hier das Pulver beim Sprühen mit 60–100 KV auf. Zwischen der Pistole und dem geerdeten Werkstück bildet sich ein elektrisches Feld. Die Pulverpartikel folgen dessen Feldlinien und bleiben aufgrund der Restladung auf dem Objekt haften. Die Aluminiumprofile werden dann manuell oder automatisch zu einem Trockner gefördert werden, wo Kunststoffpulver bei 160–200 Grad Celsius zu einem glatten Film schmilzt und aushärtet. Die Schichtdicken liegen bei 30–200 µm für dekorative Zwecke auch Holzdekoroberflächen sind möglich. Die Schweißung der Ecken und die Konfektionierung der Rahmen müssen vor der Beschichtung erfolgen.

Abbildung 110.2-10: Aluminiumfensterprofile [106]

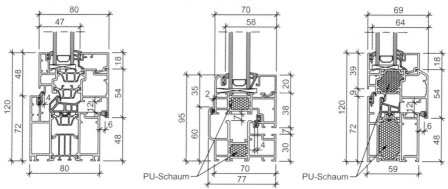

Beispiel 110.2-02: Produktbeispiele Aluminiumfenster [102]

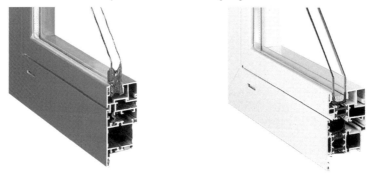

110.2.3.3 HOLZ-ALUMINIUMPROFILE

Um eine bessere Witterungsbeständigkeit der Fensterprofile zu erreichen wurden in den frühen 70er Jahren Aluminium-Vorsatzschalen entworfen. Diese wurden ursprünglich aus den vorderen Deckschalen von thermisch getrennten Aluminium-Fensterprofilen entwickelt, und mit Verbesserung der Beschichtungstechnologie (Pulverbeschichtung) bzw. dem preislich günstigen Eloxieren wurden diese Aluminium-Deckschalen auch für den Witterungsschutz von Holzprofilen adaptiert. Die Holz-Alu-Fenster werden heute für den Neubau wie auch für die Renovierung bereits bestehender Fensterkonstruktionen durch Aufklipsen von Aluminium-Deckschalen angewandt (Bilder 110.2-08 bis 12).

Als Werkstoff für die Aluminium-Deckschalen kommen stranggepresste Profile zum Einsatz. Die Eckverbindung kann entweder durch Einsetzen eines Metallwinkels und ein Vernieten des Profils mit dem Metallwinkel (Einsicken) oder durch Stumpfschweißung erfolgen. Die preislich günstigere Variante ist die Verbindung mit einem Eckwinkel, da die Nachbearbeitungskosten deutlich günstiger sind und bereits fertig beschichtete Stangenware verwendet werden kann. Die Aluminiumdeckschalen werden analog zu normalen Aluminiumfensterprofilen beschichtet bzw. auch farblich gestaltet. Für die Oberflächengestaltung wird entweder eine Kunststoffbeschichtung (Pulverbeschichtung) oder ein Eloxieren (mit farblicher Gestaltung) verwendet.

Profilquerschnitte

Die Aluminiumdeckschalen sind mittels Kunststoffabstandhalter thermisch vom Holzprofil zu trennen. Dies ist nötig, da Aluminium eine thermische Ausdehnung von ca. 23 µm/(mK) aufweist und speziell bei dunklen Farbtönen zu massiven Längenänderungen neigt, die sonst von der Fensterkonstruktion nicht aufgenommen werden können.

Abbildung 110.2-11: Holz-Aluminiumfensterprofile [100]

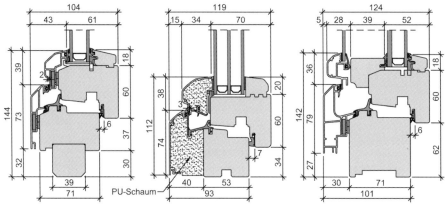

Für die Vermeidung von Wärmebrücken und Kondensatbildungen im Bereich des Isolierglasrandverbundes ist es zweckmäßig, außenseitig eine Holzüberdeckung des Randverbundes auszubilden. Bei Fehlen dieses Randverbundes bzw. bei glasleistenlosen Fensterkonstruktionen, bei denen die Montage der Isoliergläser durch Aufklemmen der Aluminiumdeckschale erfolgt, kann es zu einem Abkühlen der Randverbundleiste bzw. zum Hinterspülen des Glasfalzes mit kalter Luft kommen; die Folge davon sind in der Regel bei tiefen Temperaturen Kondensatbildungen am Glasrand.

Beispiel 110.2-03: Produktbeispiele Holz-Aluminiumfenster [99] [101]

110.2.3.4 KUNSTSTOFF

Etwa seit 1960 stehen geeignete thermoplastische Kunststoffe, meist auf Basis PVC, für Fensterbauprofile zur Verfügung. Das Kunststofffenster hat nach den Marktanteilen zu beurteilen bereits das Holz- und Holz-Aluminium-Fenster überholt. Der Standardkunststoff, der für die Fensterprofilerzeugung verwendet wird, ist PVC. Dieser Werkstoff wurde Anfang der 60er Jahre so weiterentwickelt, dass er den Anforderungen an die Bewitterung (insbesondere der UV-Belastung) standhält. Polypropylen hat sich bis heute als Kunststoff für die Profilerzeugung nicht durchsetzen können.

Das PVC-Fenster in der heutigen Ausformung stellt einen Verbundwerkstoff aus Kunststoff und Stahl dar. Die Armierung des Fensterprofils erfolgt mit einem Stahl-Formrohr als tragendes Element. Die Verschraubung der Beschläge sowie sämtliche statische Anforderungen werden vom Stahl-Formrohr aufgenommen. Der Werkstoff PVC (Polyvinylchlorid) ist ein sehr lange bekannter Kunststoff, der großtechnisch etwa ab 1938 in Deutschland hergestellt wurde. Die Kombination aus Steinsalz und Äthylen (Erdölfraktion) wurde bereits im Jahre 1835 von Viktor Regnault entdeckt.

PVC gehört zu jenen Kunststoffen, die zu etwa 50% aus Steinsalz bestehen und daher hinsichtlich der Verwendung von Erdöl in einem günstigen Bereich liegen. Das PVC wird als Granulat für die Herstellung von Fensterprofilen verwendet und als reines PVC mit einer Vielzahl von Additiven für die gewünschten Eigenschaften modifiziert. Bei diesen Eigenschaften stehen naturgemäß der Witterungsschutz wie auch die Einflüsse von schädlichen Temperaturen im Vordergrund. PVC benötigt daher Zusätze und Modifikationen für die Wärmestabilisierung wie auch für den UV-Schutz. Diese so genannten Stabilisatoren wurden in den letzten Jahren von schwermetallhältigen Stoffen auf Kalzium-Zink-Stabilisatoren umgestellt.

Abbildung 110.2-12: Einschnecken-Plastifizierextruder zur Kunststoffprofilherstellung [17]

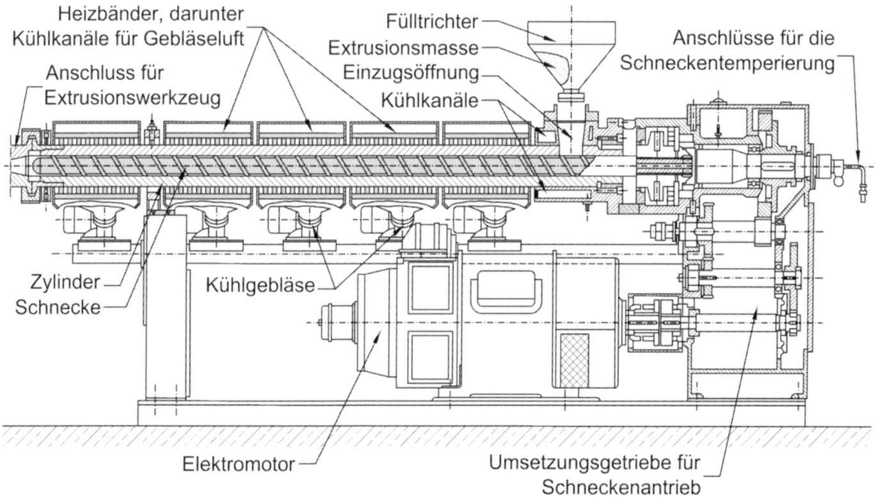

Profilherstellung

Kernbereich der Fensterprofilerzeugung ist der so genannte Extruder. Dieser Extruder ist ein Gerät, bei dem ein thermoplastischer Werkstoff (darunter wird ein Kunststoff verstanden, der nach Erwärmen formbar wird und die gewünschte Form im Abkühlungsprozess beibehält) unter Druck in Form gepresst wird.

Abbildung 110.2-12 zeigt den typischen Aufbau eines Extruders für die Kunststofferzeugung. Heute können in einem Arbeitsgang eine Vielzahl an Profilformen wie auch Werkstoffen im Extruder verarbeitet werden kann. Durch die so genannte Koextrusion ist es zum Beispiel möglich, zwei verschiedene Kunststoffe in einem Profil zu verarbeiten, wobei die Trennung des Kunststoffes auch für einen Teilbereich des Profils erfolgen kann (Bilder 110.2-13 und 14).

Beispielsweise können heute direkt auf Kunststoffprofile Lippendichtungen mit optimaler Bindung angearbeitet werden. Nach dem Ausgang der Düse wird das Profil auf einer Abkühlstrecke auf einen unter die Erwärmungstemperatur notwendigen Bereich gebracht. Wichtig ist, dass die so hergestellten extrudierten Fensterprofile nach dem Extrusionsverfahren abgelagert werden müssen.

PVC für Fensterprofile weist folgende Eigenschaften auf:

- Elastizitätsmodul E $\geq$ 2500 N/mm^2,
- Kerbschlagzähigkeit ca. 10 bis 20 kJ/m^2,
- Wärmeleitfähigkeit ca. 0,17 W/(m·K),
- Gute Beständigkeit gegen die meisten anorganischen Säuren, Laugen und Salzlösungen sowie Öle, Waschmittel und alifatische Kohlenwasserstoffe.

Durch Einfärbung des Werkstoffes sind unterschiedliche dekorative Oberflächen herstellbar. Problematisch dabei können jedoch dunkle Farbtöne werden, wobei aber aus heutiger Sicht auch braune und grüne Farbtöne möglich sind. Zusätzlich dazu gibt es die Möglichkeit, im Zuge des Extrusionsprozesses Dekorfolien und ähnliche Dinge auf die Oberfläche aufzutragen. Die positive ökologische Betrachtung von PVC zeigt sich an der Tatsache, dass PVC sehr leicht recycled werden kann. Recycling-Material aus zurückgenommenen PVC-Teilen oder Profilen kann granuliert und dem Koextrusionsprozess wieder zugeführt werden. Es lässt sich allerdings mit recycliertem PVC kein direkt frei bewittertes Profilteil mehr erzeugen. Recycliertes Material wird vornehmlich für den Kernbereich oder für untergeordnete Teile wie Glasleisten oder Fensterbänke verwendet.

Profilgestaltung

Die Profilgestaltung für PVC-Fenster ist in entscheidendem Maße von bauphysikalischen Anforderungen geprägt. Trotz des guten Wärmeschutzes bedingt durch die niedrige Wärmeleitfähigkeit von PVC konnte in den letzten Jahren die Wärmedämmung von Stock und Flügelprofilen entscheidend verbessert werden. Die Verbesserung wurde durch die Verwendung von Mehrkammerprofilen erreicht. Der heutige Standard wird als Fünfkammersystem bezeichnet, wobei festzuhalten ist, dass durch das Einführen von zusätzlichen Kammern nur mehr eine geringfügige weitere Verbesserung der wärmeschutztechnischen Eigenschaften erreicht werden kann (Bilder 110.2-15 bis 19).

Abbildung 110.2-13 zeigt anhand einer Grafik die Verbesserung des Wärmeschutzes durch die Einführung von zusätzlichen Kammern. Die ersten Einkammerfenster kamen ja in den 50er und 60er Jahren auf den Markt und wurden in den 60er und 70er Jahren zu Zwei- und Dreikammersystemen ausgebaut. Heute liegen die erreichbaren Werte für den Wärmeschutz des Stock- und Flügelprofils im Bereich U_f deutlich unter 2,0 W/(m^{2}K) (Bild 110.2-19).

Abbildung 110.2-13: Verbesserung des U-Wertes durch Mehrkammerfenster

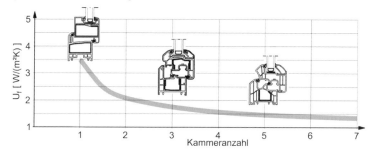

Für die Eigenschaften des Fensterprofils maßgebend ist aufgrund des niedrigen Elastizitätsmoduls von PVC naturgemäß die Gestaltung des verzinkten Stahl-Formrohres. Die Beschlagsbefestigung erfolgt über das Stahl-Formrohr.

Eckverbindung

Die klassische Eckverbindung der Kunststoffprofile erfolgt über eine Stumpfschweißmaschine. Ein beheizter Schweißspiegel wird an die unter Gehrung zugeschnittenen Profilenden angesetzt, bei entsprechender Temperierung der Schnittkanten werden die nunmehr weichen Gehrungsflächen unter Druck aneinander gepresst.

Endbearbeitung

Nach dem Schweißvorgang werden die überstehenden Schweißwulste mit einem rotierenden Fräser bearbeitet und eben gefräst (sog. Verputzen).

Abbildung 110.2-14: Profilformen von Kunststofffenstern [100]

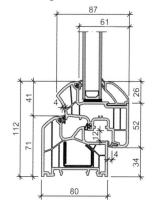 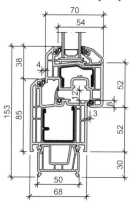 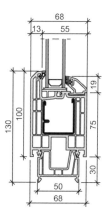

Beispiel 110.2-04: Produktbeispiele Kunststofffenster [99] [101]

 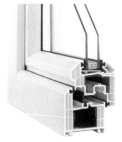 

110.2.3.5 STAHL

Einfache Fensterprofile aus Walzstahl oder ungedämmte Hohlprofile werden für Fenster in untergeordneten Bereichen eingesetzt. Für bauphysikalisch höherwertige Bauteile werden zweischalige Profile verwendet, welche aus zwei Einzelprofilen mit eingeschobenen Abstandhaltern oder Dämmstoffeinlagen bestehen (thermische Trennung).

Der Vorteil der hohen Profilfestigkeit und -steifigkeit von Stahlprofilen für den Fensterbau wird gerne für große Fensterkonstruktionen mit hoher statischer Belastung ausgenutzt. Speziell im Portal- und Fassadenbau wie auch bei Schrägverglasungen mit großer Spannweite werden Stahlprofile eingesetzt.

Der Korrosionsschutz wird mit konventionellen Lackbeschichtungen oder Kunststoffüberzügen im Spritz- oder Elektrostatikpulverauftrag erzielt. Die Feuerverzinkung für Stahlprofile stellt trotz der fertigungstechnischen Probleme durch die thermische Belastung bei getrennten Profilstegen ein Optimum dar (Bild 110.2-22).

Abbildung 110.2-15: Profilformen von Stahlfenstern [103]

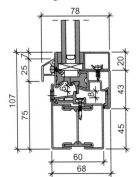
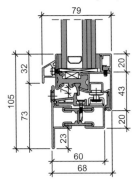
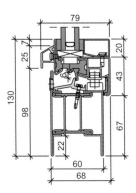

Beispiel 110.2-05: Produktbeispiele Stahlfenster [103]

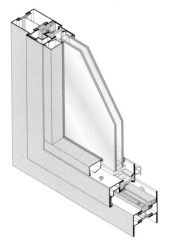
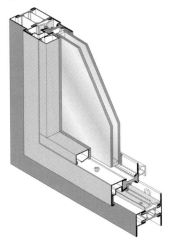

110.2.3.6 HOLZ-KUNSTSTOFF

Die Kombination von Holz und Kunststoff stellt wie die Kombination von Holz und Aluminium eine Weiterentwicklung unter Nutzung der Vorteile der einzelnen Materialien hinsichtlich Haltbarkeit und wohnlichem Charakter dar. Im Vergleich zu den Holz-Aluminium Fenstern ist der Einsatz von Kunststoffen für die Außenhülle etwas kostengünstiger. Der Vorteil der hohen Dauerhaftigkeit der Aluminium-Wetterschale wird gegen eine kostengünstigere Variante mit leichterem Flügelgewicht getauscht.

Die thermischen Vorteile sind, speziell für geschäumte Kunststoffschalen, jedenfalls gegeben. Mit dieser Bauart lassen sich hochwärmegedämmte Profile kostengünstig bei guter Profilfestigkeit und niedrigem Flügelgewicht herstellen. Der Marktanteil ist jedoch derzeit im Vergleich zu konventionellen Holz- oder Kunststofffenstern sehr gering.

Beispiel 110.2-06: Produktbeispiele Holz-Kunststofffenster [100]

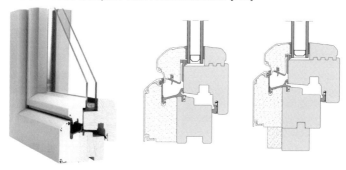

110.2.3.7 KUNSTSTOFF-ALUMINIUM

Das Kunststoff-Aluminiumfenster ist, mit einer vorgesetzten Aluschale versehen, im Wesentlichen dem System der Kunststofffenster gleichzusetzen. Der Wärmeschutz wird durch das Kunststoffprofil mit fünf Kammern erreicht und die Festigkeit des Profils durch Einschub eines Stahlprofils erzielt.

Die meist angeklipste Aluminiumschale stellt einen optimaleren Witterungsschutz des Kunststoffprofils dar. Diese Fenster werden für hochpreisige Segmente im Objektbereich wie auch für Schallschutzfenster verwendet.

Abbildung 110.2-16: Profilbeispiele Kunststoff-Aluminiumfenster [100]

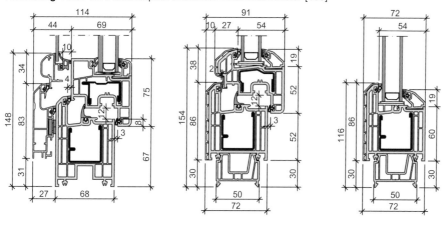

Beispiel 110.2-07: Produktbeispiele Kunststoff-Aluminiumfenster [101] [102]

110.2.3.8 VERBUNDWERKSTOFFE

Unter Verbundwerkstoffen wird heute eine Kombination aus Holz, Holzfasern und Kunststoff oder ähnlichen Kombinationen verstanden. Aus Holzfasern (Sägemehl) und einem Kunststoffgemisch werden strangextrudierte Profile für die Fensterherstellung erzeugt. Ein typischer Vertreter dieser Kategorie ist das Material „Fibrex", das bereits seit zehn Jahren auf dem amerikanischen Markt eingesetzt wird. Aufgrund der guten statischen Eigenschaften des Fensters benötigen diese stranggepressten Profile keinen Stahlkern zur Verstärkung, dies wirkt sich positiv auf die Wärmedämmeigenschaften aus. Eine weitere Möglichkeit ist die zusätzliche Wärmedämmung der Profilkammern. Preislich liegen die Kosten für ein Verbundwerkstoff-Fenster im Bereich von konventionellen Holzfenstern.

Abbildung 110.2-17: Vergleich Materialeigenschaften – Profilquerschnitt

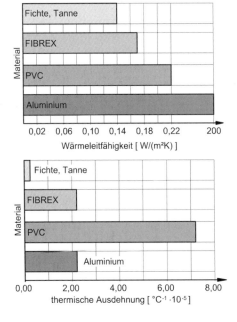
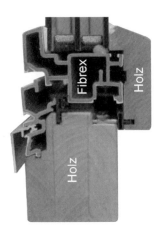

110.2.3.9 HOCHWÄRMEGEDÄMMTE PROFILE

Für die Optimierung des Wärmeschutzes der Gebäudehülle liefert das Fenster, aufgrund der wesentlich ungünstigeren thermischen Eigenschaften gegenüber Wandkonstruktionen, ein wesentliches Potenzial. Hochwärmedämmende Fenster mit einem U_w-Wert von < 0,80 W/(m²K) sind für den Nutzer aufgrund der geringen Wärmeverluste wie auch der Behaglichkeit bei Aufenthalt in Fensternähe von großem Vorteil. Demgegenüber stehen jedoch der hohe Anschaffungspreis, die teils unhandlichen Profilquerschnitte, die Handhabung wie auch der notwendige integrative Einbau des Rahmens in die wärmedämmende Ebene der Wand (Bild 110.2-09).

Aus Abbildung 110.2-18 sind die bauphysikalischen Problempunkte von hochwärmegedämmenten Profilkonstruktionen am Beispiel eines Mehrschicht-Profils ersichtlich. Speziell die Lage der Dämmschichten im Profil wie auch die der Beschläge muss zur Vermeidung von Kondensatbildung im Profilinneren sorgfältig geplant und ausgelegt werden.

Abbildung 110.2-18: Hochwärmedämmendes Fenster – Holz-Verbund-Aufbau

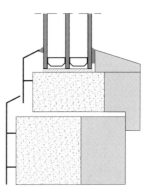

AUFBAU SCHEMATISCH

Für Holzprofile wird der Wärmedurchgang durch die Holzart und Dicke der Profile vorgegeben. Die Verbesserung des Wärmeschutzes von Kanteln wird durch den Einbau von einer oder mehreren hochfesten, klebbaren und schubfesten Dämmstofflagen erzielt. Zum Nachweis der Eignung eines Profils sind dabei folgende Nachweise erforderlich:

- Festigkeit des Verbundes der einzelnen Werkstoffe,
- Verhalten bei unterschiedlichen Temperaturen, Tauwasserbildung, Dampfdiffusion der raumseitig eingesetzten Holzprofile,
- Komplette Systemprüfungen an einem Fenster gemäß ÖNORM B 5300.

Bei mehrschaligen Profilbauteilen werden zur Verbesserung des Wärmeschutzes vielfach die Hohlräume der Profile ausgeschäumt und in Kombination mit Dichtungssystemen in mehreren Ebenen optimiert.

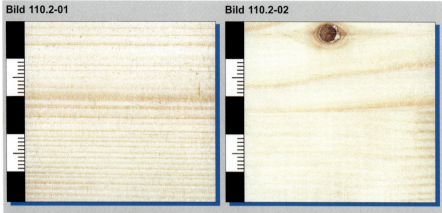

Bild 110.2-01: Stehende Faser – optimale Holzoberfläche für Kantel
Bild 110.2-02: Holzfehler – Punktast

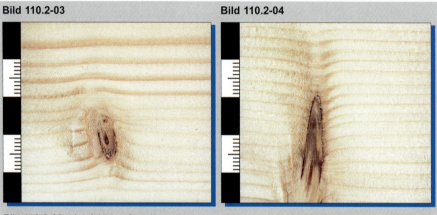

Bild 110.2-03: Holzfehler – festsitzender Ast
Bild 110.2-04: Holzfehler – schwarzer Flügelast

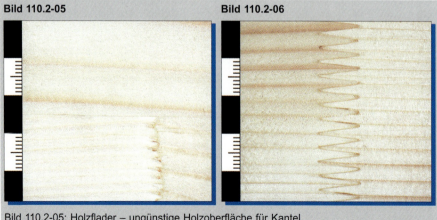

Bild 110.2-05: Holzflader – ungünstige Holzoberfläche für Kantel
Bild 110.2-06: Detail – gute Zinkung der Mittellamelle

Farbteil

Bild 110.2-07

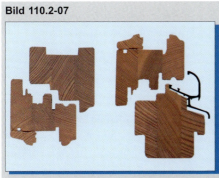

Bild 110.2-08

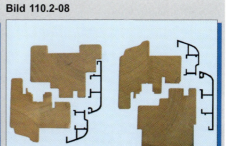

Bild 110.2-07: Holzprofile – oberer und unterer Anschluss (ohne Dichtungen)
Bild 110.2-08: Holz-Aluminiumprofile – oberer und unterer Anschluss (ohne Dichtungen)

Bild 110.2-09

Bild 110.2-10

Bild 110.2-09: Hochwärmegedämmtes Fenster
Bild 110.2-10: Holz-Aluminiumfenster

Bild 110.2-11

Bild 110.2-12

Bild 110.2-11: Seitlicher Fensteranschluss
Bild 110.2-12: Unterer und oberer Fensteranschluss

Bild 110.2-13: Doppelschneckenextruder
Bild 110.2-14: Doppelschneckenextruder mit zwei konischen Schnecken

Bild 110.2-15: Kunststoffprofilschnitt
Bild 110.2-16: Kunststoff-Aluminiumfenster

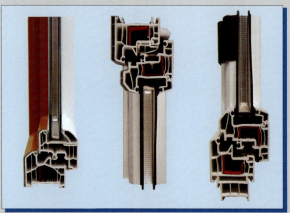
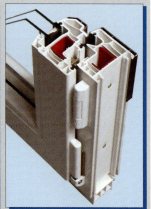

Bild 110.2-17: Unterer und oberer Fensteranschluss
Bild 110.2-18: Seitlicher Fensteranschluss

Bild 110.2-19

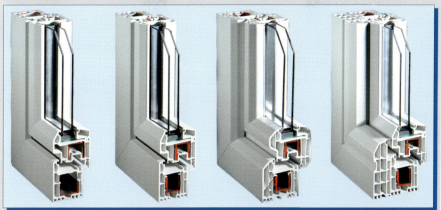

Bild 110.2-19: Mehrkammer-Kunststofffenster mit unterschiedlicher Kammeranzahl

Bild 110.2-20

Bild 110.2-21

Bild 110.2-20: Aluminiumfensterprofilarten
Bild 110.2-21: Aluminiumfenster

Bild 110.2-22

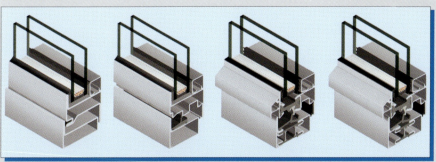

Bild 110.2-22: Stahlfensterprofile ohne und mit thermischer Trennung

SpringerArchitektur

Andrew Watts
Moderne Baukonstruktion: Fassaden

Aus dem Englischen übersetzt vom Übersetzungsbüro Wieser & Keßler.
2005. 200 Seiten. Zahlreiche, zum Teil farbige Abbildungen.
Format: 21 x 29,7 cm
Gebunden **EUR 69,–,** sFr 114,–
ISBN 3-211-00641-9
Moderne Baukonstruktion

„Fassaden" ist ein Handbuch für Praktiker, Architekten und Studenten, die ihr Wissen über die Informationen im Kapitel „Wände" des ersten Bandes der Reihe „Moderne Baukonstruktion" hinaus noch vertiefen wollen.

In sechs Kapiteln werden Fassaden, geordnet nach den primär verwendeten Materialien wie Metall, Glas, Beton, Ziegel, Kunststoffe und Holzwerkstoffe dargestellt. Innerhalb der Kapitel werden die spezifischen Konstruktionen auf jeweils drei Doppelseiten in Text, Bild und detaillierten Konstruktionszeichnungen erläutert.

Gebaute Beispiele bekannter Architekten illustrieren die beschriebenen Prinzipien. Wie auch schon im Buch „Moderne Baukonstruktion" sind die gezeigten Verfahren durchwegs international anzuwenden.

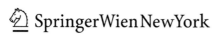

P.O. Box 89, Sachsenplatz 4–6, 1201 Wien, Österreich, Fax +43.1.330 24 26, books@springer.at, **springer.at**
Birkhäuser c/o SDC, Haberstraße 7, 69126 Heidelberg, Deutschland, Fax: +49.6221.345-4229, SDC-bookorder@springer-sbm.com
Chronicle Books, 85 Second Street, San Francisco, CA 94105, USA, Fax +1.800.858-7787, sales@papress.com
Preisänderungen und Irrtümer vorbehalten.

110.3 FUNKTIONEN UND ANFORDERUNGEN

Die Anforderungen an Fensterkonstruktionen hängen hauptsächlich von der Exposition im Bauwerk ab und werden weitestgehend durch die Windbeanspruchung beeinflusst. Gemäß ÖNORM B 5300 [69] sind für die Beanspruchungsklasse die Windwirkung in Abhängigkeit von der geografischen Lage, die örtlichen Wind- und Schlagregenverhältnisse, die Form und die Höhe des Gebäudes sowie die Lage des Fensters in der Fassade entscheidend. Wegen der oft unterschiedlichen Belastung durch Wind und Regen – selbst an gleichartigen Gebäuden unterschiedlichen Standortes – ist die Festlegung der Anforderungen an Fenster nicht möglich, wenn nur die Gebäudehöhe oder Gebäudeform bekannt ist. Ergänzend zu diesen Anforderungen bestehen noch Festlegungen über die mechanische Beanspruchung und die Festigkeit sowie den Wärme- und Schallschutz.

Tabelle 110.3-01: Allgemeine Anforderungen an Fenster – ÖNORM B 5300 [69]

Eigenschaft	Anforderung					
Mechanische Beanspruchung	Klasse 2 (10.000 Zyklen)					
Festigkeit	Verschiebung: Klasse 2 (400 N) Statische Verwindung: Klasse 2 (250 N) Bedienkräfte Flügel: Klasse 1 (100 N) Bedienkräfte Hebelgriff: Klasse 1 (100 N oder 5 Nm) Bedienkräfte Fingerbedienung: Klasse 1 (50 N oder 5 Nm)					
	Windwirkung P	Beanspruchungsklassen				
	$[kN/m^2]$	1	2	3	4	5	xxx
Widerstandsfähigkeit bei Windlast	0,4	C1					
	0,8		C2				
	1,2			C3			
	1,6				C4		
	2,0					C5	
	xxx						CE xxx
	Windwirkung P	Beanspruchungsklassen				
	$[kN/m^2]$	1	2	3	4	
Luftdurchlässigkeit	0,4	1				
	0,8		2			
	1,2			3		
	1,6				4	
	Windwirkung P	Beanspruchungsklassen				
	$[kN/m^2]$	1	2	3	4	5	xxx
Schlagregendichtheit	0,4	4A					
	0,8		5A				
	1,2			7A			
	1,6				8A		
	2,0					9A	
	xxx						ExxxA
Wärmeschutz	Anforderungen gemäß ÖNORM B 8110-1					
Schallschutz	Anforderungen gemäß ÖNORM B 8115-2					

110.3.1 WIDERSTANDSFÄHIGKEIT BEI WINDWIRKUNG

Die erforderliche Beanspruchungsklasse ist für den Regelbereich und den Randbereich (Schnittkantenbereich) unter Anwendung des Grundwertes der Windgeschwindigkeit v_{10}, für die jeweilige Einbauhöhe des Fensters über dem Gelände und in Abhängigkeit von der jeweils vorhandenen Geländeform festzulegen.

Abbildung 110.3-01: Erforderliche Beanspruchungsklassen – Geländeform I [69]

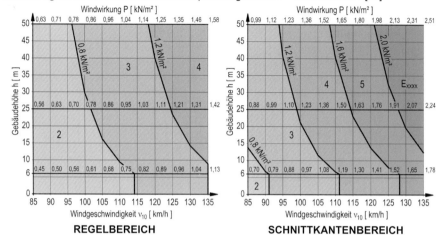

REGELBEREICH SCHNITTKANTENBEREICH

Abbildung 110.3-02: Erforderliche Beanspruchungsklassen – Geländeform II [69]

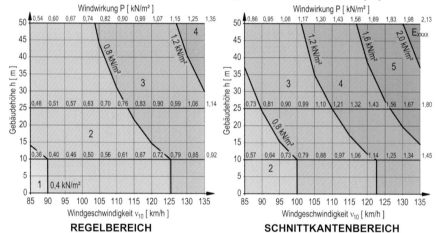

REGELBEREICH SCHNITTKANTENBEREICH

Abbildung 110.3-03: Erforderliche Beanspruchungsklassen – Geländeform III [69]

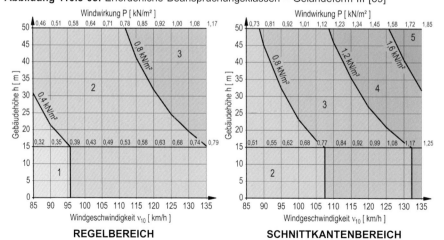

REGELBEREICH SCHNITTKANTENBEREICH

Der jeweiligen Beanspruchungsklasse liegen dabei Prüfbedingungen der ÖNORM EN 12210 [92] zugrunde, die für unterschiedliche Druck-/Sogbeanspruchungen Klassen definiert. Die Breite des Randbereiches wird dabei mindestens mit 1,00 m sowie dem Höchstwert von 10% der Gebäudehöhe bzw. der Wandlänge angesetzt (siehe auch Kap. 110.4).

Tabelle 110.3-02: Prüfdrücke zur Klassifizierung der Windkraft – ÖNORM EN 12210 [92]

Klasse	Prüfdruck in [Pa]		
	P1	P2 = 0,5 x P1	P3 = 1,5 x P1
0	nicht geprüft	nicht geprüft	nicht geprüft
1	400	200	600
2	800	400	1200
3	1200	600	1800
4	1600	800	2400
5	2000	1000	3000
Exxx	xxx		

Oberhalb der Klasse 5 wird mit Exxx klassifiziert, wobei xxx der tatsächliche Prüfdruck P1 ist.

Neben dem Prüfdruck sind auch Verformungsklassen der relativen frontalen Durchbiegung des am stärksten verformten Rahmenteiles, gemessen nach dem Prüfdruck P1, zu klassifizieren.

Tabelle 110.3-03: Klassifizierung der relativen frontalen Durchbiegung – ÖNORM EN 12210 [92]

Klasse	Relative frontale Durchbiegung
A	< 1/150
B	< 1/200
C	< 1/300

Die Anforderungen an die jeweilige Beanspruchungsklasse (Abb. 110.3-01 bis 110.3-03) gelten nur bei Gebäuden, deren Verhältnis Höhe zu maßgeblicher Breite den Wert 5 nicht übersteigt.

Tabelle 110.3-04: Geländeformen gemäß ÖNORM B 4014-1 [69][67]

Geländeform	Typische Geländebeispiele
I	Ebenes und hügeliges Gelände, frei oder vereinzelt mit Häusern, Bäumen, Dämmen oder dergleichen bestanden; Seeufer; ausgesetzte Lagen in hügeligem Gelände.
II	Gelände mit zahlreichen Hindernissen für Wind. Darunter fallen Städte, Waldgebiete und mit Waldgruppen bestandenes Gelände, geschützte Lagen in hügeligem, bergigem Geländer. Die mittlere Höhe der Hindernisse (mittlere Dachhöhe) sollte mindestens 10 m betragen.
III	Gelände, das von zahlreichen, großen Hindernissen für den Wind bestanden ist, deren mittlere Höhe (mittlere Dachhöhe) mindestens 25 m beträgt. Diese Geländeform tritt nur in Zentren von größeren Städten auf, wo die Gebäude nicht nur sehr hoch sind, sondern es sich auch um eine sehr dichte Bebauung handelt.

Da sich das für die größere Bodenrauigkeit geltende Staudruckprofil beim Übergang von einer Geländeform in eine andere nur allmählich ausbildet, ist eine Übergangszone von jeweils ca. 800 m noch der ungünstigeren Geländeform zuzurechnen. In Zweifelsfällen ist jedenfalls mit der ungünstigeren Form zu rechnen.

110.3.2 LUFT- UND SCHLAGREGENDICHTHEIT

Die Fugendurchlässigkeit – besser bekannt als der a-Wert – war die erste messbare Größe zur Beurteilung der Fenster, so lag es nahe, dass man versuchte, diesen Wert „*zu verbessern*". Diese Verbesserung wurde ohne Rücksicht auf die sonstigen Aufgaben der Fenster und der Außenwände umgesetzt. Probleme durch Tauwasserbildung an Wärmebrücken blieben nicht aus, denn die wesentliche Verbesserung des a-Wertes stellte einen massiven Eingriff in das bis dahin vorhandene Gleichgewicht des Luft- und Feuchtigkeitshaushaltes eines Gebäudes dar. Die Tauwasserbildung wurde noch verstärkt, wenn auch Undichtheiten in der Außenwand beseitigt wurden.

Es ist deshalb verständlich, wenn Fensterbauer heute versuchen, dieses Problem mit ihren Möglichkeiten zu lösen, d.h., dass sie versuchen, die Luftdurchlässigkeit wieder zu erhöhen. Aber dieser Eingriff kann nur dann erfolgreich sein, wenn das klimatische Gleichgewicht im Gebäude angestrebt wird und auch alle anderen Funktionen des Fensters in die Überlegungen miteinbezogen werden. Dazu zählen unter anderem Energieeinsparung, Behaglichkeit, Schlagregendichtheit und Schalldämmung. Als mögliche Maßnahmen zur Erhöhung des Luftdurchganges am Fenster werden den ausschreibenden Stellen von den Herstellerfirmen verschiedene Möglichkeiten der Permanent- oder Zwangsbelüftung angeboten:

- Bohrungen oder Schlitze an Flügel- und Blendrahmenprofilen,
- gelochte Mitteldichtungen mit Öffnungen am Flügelüberschlag,
- Aussparungen an Dichtungen,
- nicht anliegende Dichtungen,
- Bürstendichtungen,
- Entfernen von Dichtungen.

Diese Maßnahmen werden im oberen waagrechten Teil des Fensters ausgeführt, um Behaglichkeitsstörungen zu vermeiden. Häufig werden die Öffnungen versetzt zueinander angeordnet. Weitere Varianten sind gerippte oder wellige Dichtungen. Diese Dichtungen werden dann umlaufend eingebaut. Die getroffenen Maßnahmen haben, speziell bei Fenstersystemen mit zwei Anschlagdichtungen, Auswirkungen auf die Schlagregendichtheit. In jedem Fall führen sie zu einer Verschlechterung der Schalldämmung. Die Frage der Tauwasserbildung innerhalb der Profile spielt dabei ebenso eine Rolle wie mögliche Schmutz-, Staub- und Fettablagerungen an Stellen, die nicht mehr zugänglich sind, insbesondere dann, wenn Raumluft über die Öffnungen nach außen strömt.

Auswirkungen auf die Schalldämmung zeigen sich dadurch, dass bei Fenstern mit Mehrscheiben-Isolierglas (4-12-4 mm), bei welchen üblicherweise ein bewertetes Schalldämm-Maß bis zu 33 dB zu erwarten ist, eine Minderung bis zu 3 dB eintritt. Daher ist es nicht sinnvoll, in Fenstern mit Permanentlüftung hochschalldämmende Scheiben zu verwenden, da das Fugenschalldämm-Maß dominiert. Die einzelnen Anforderungen für eine sichere Verbrennungsluftzufuhr sind in der Allgemeinen Feuerschutzverordnung festgelegt. Bei Fenstern mit einer so genannten Zwangs- bzw. Permanentlüftung ist, bezogen auf 1 m Fugenlänge, ein Luftdurchgang von etwa 0,2 bis 0,3 m^3/h bei 4 Pa Druckdifferenz zu erwarten. Dieser Luftdurchgang ist für raumluftabhängige Feuerstätten bei üblichem Fensterflächenanteil nicht ausreichend. Zusammenfassend ist festzustellen:

- Permanentlüftungen, die durch Nacharbeiten an Profilen und Dichtungen entstehen, sind nicht regulierbare Öffnungen im Fensterbereich;
- Permanentlüftungen sind mit Nachteilen verbunden, wie Beeinträchtigung der Behaglichkeit, Schmutzablagerungen, Minderung der Schalldämmung und eventuelle Minderung der Schlagregendichtheit;
- Eine Abschätzung der technisch vertretbaren Maßnahmen zur Erhöhung des Luftdurchgangs unter Beachtung der in Räumen notwendigen Lufterneue-

rung, zeigt bei Berücksichtigung der gegebenen Druckdifferenz bzw. Temperaturdifferenz, dass Permanentlüftungen nicht das geeignete Mittel sind, um die Raumlüftung zu optimieren. Sie können nur einen Grundbeitrag zur Raumlüftung leisten;

- Permanentlüftungen sind für raumluftabhängige, offene Feuerstätten nicht ausreichend;
- Regulierbare Lüftungseinrichtungen mit ausreichenden Querschnitten, Beschläge mit der Möglichkeit der Spaltlüftung oder mechanische Lüftungseinrichtungen (die jedoch kostenaufwändig und auch nicht ohne Nachteile sind), sind sicher eine Alternative. Im Einzelfall sind Vor- und Nachteile der verschiedenen Möglichkeiten gegeneinander abzuwägen, um die jeweils günstigste Lösung zu finden.

Die Prüfung der Luftdurchlässigkeit erfolgt nach ÖNORM EN 12207 [90], die der Schlagregendichtheit nach ÖNORM EN 12208 [91]. Für beide Anforderungen sind die Klassifikationen in Abhängigkeit von der Druckeinwirkung angegeben.

Die Beurteilung der Luftdurchlässigkeit erfolgt nach zwei Kriterien, einer Klassifizierung bezogen auf die Gesamtfläche und einer bezogen auf die Fugenlänge. Bei beiden Kriterien werden Prüfungen mit unterschiedlichen Prüfdrücken durchgeführt, wobei für die Einordnung in eine Klasse immer die geringste Klassennummer, in der ein Prüfwert der Serie zu liegen kommt, maßgebend ist.

Abbildung 110.3-04: Klassifizierung der Luftdurchlässigkeit ÖNORM EN 12207 [90]

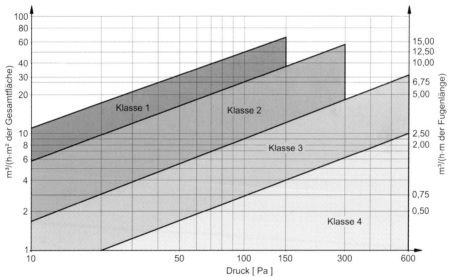

Bei der Ermittlung der Schlagregendichtheit wird beginnend mit einer 15-minütigen drucklosen Besprühung eine Drucksteigerung bei gleichzeitiger Besprühung mit einer jeweils 5-minütigen Druckkonstanthaltung vorgenommen. Die Klassifikation ergibt sich aus der Anforderung, dass durch die Feuchtigkeits- und Druckbeanspruchung kein Wassereintritt innerhalb der Dichtebene stattfinden darf. Hinsichtlich der Prüfverfahren (ÖNORM EN 1027 [86]) wird in eine Prüfmethode A für Produkte in nicht geschützter Lage und in eine Prüfmethode B für Produkte in teilweise geschützter Lage unterschieden.

Tabelle 110.3-05: Klassifizierung der Schlagregendichtheit ÖNORM EN 12208 [91]

Prüfdruck P$_{max}$ [Pa]	Klassifizierung Prüfverfahren A	Klassifizierung Prüfverfahren B	Anforderungen
	0	0	keine Anforderung
0	1A	1B	15 min Besprühung
50	2A	2B	wie Klasse 1 + 5 min
100	3A	3B	wie Klasse 2 + 5 min
150	4A	4B	wie Klasse 3 + 5 min
200	5A	5B	wie Klasse 4 + 5 min
250	6A	6B	wie Klasse 5 + 5 min
300	7A	7B	wie Klasse 6 + 5 min
450	8A	–	wie Klasse 7 + 5 min
600	9A	–	wie Klasse 8 + 5 min
>600	Exxx	–	Oberhalb 600 Pa in Stufen von 150 Pa muss die Dauer jeder Stufe 5 min betragen

Für Aufenthaltsräume muss eine ausreichende Belüftung mit Luftwechselzahlen (LWZ) von 0,5 bis 2,0 sichergestellt sein. Bei Lagerräumen ist ein Luftwechsel entsprechend des Lagergutes festzulegen. Die erforderliche Mindestlüftung dient dem Wohlbefinden von Personen durch die Abfuhr von Schad- und Geruchsstoffen sowie der Zufuhr von Sauerstoff. Als einfachste Lüftung kann die Fensterlüftung angesehen werden, die umso wirksamer ist, je höher das Lüftungselement ist, da durch die Temperaturdifferenzen bei einem Einzelfenster oben die Abluft und unten die Zuluft realisiert werden. Eine noch effizientere Lüftung entsteht bei einer möglichen Querlüftung über mehrere Fenster an gegenüber liegenden Wandseiten.

Abbildung 110.3-05: Lüftungsqualitäten unterschiedlicher Fensterarten

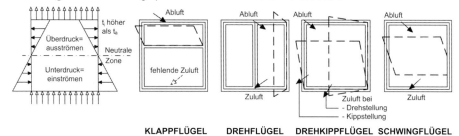

Tabelle 110.3-06: Luftwechselzahlen in Abhängigkeit von der Lüftungsart

Lüftungsart	LWZ = Luftwechselzahl [Raumvolumen/Stunde]	Dauer der Lüftung für einen Luftaustausch [Minuten]
Geschlossene Fenster	0,0–0,5	mind. 120
Fenster gekippt Rollladen geschlossen	0,3–1,5	45–180
Fenster gekippt	0,5–2,0	30–120
Fenster halb geöffnet	5,0–10,0	6–12
Fenster ganz geöffnet	9,0–15,0	6–7
Gegenüber liegende Fenster vollständig geöffnet = Querlüftung	~ 40,0	~ 1,5

Bei sehr tiefen inneren Fensterleibungen und knappem Abstand des Flügels zur Leibung kann es bei Dauerlüftung bei Kipp- und Drehkippflügeln im Winter zu einem zu starken Abkühlen der oberen Leibung in Verbindung mit Kondensat- bzw. Schimmelbildung kommen.

Luft- und Schlagregendichtheit

Bei älteren Fenstern entstand durch undichte Fugen noch eine relativ große Fugenlüftung (a-Werte von 3–5 m³/mhPa^(2/3)) die jedoch durch die Anforderungen an den Wärmeschutz sehr stark reduziert wurden, so dass aus der Fugenlüftung keine mögliche Raumlüftung mehr erzielt werden kann (a-Werte < 0,2 m³/mhPa^(2/3)).

$$a - Wert \quad [m^3 / m \cdot h \cdot Pa^n] \quad n = \frac{2}{3} \quad (110.3\text{-}01)$$

Der a-Wert (Fugendurchlasskoeffizient) gibt an, wie viel Luft [m³] pro Meter Fugenlänge l bei einer Druckdifferenz Δp pro Stunde durch die Fuge zwischen Flügel und Rahmen hindurchgeht. Der Exponent n = 2/3 beschreibt annähernd den Zustand des Luftstromes über die Fuge und ist normativ vereinbart worden.

Je kleiner der a-Wert ist, desto dichter schließt bzw. ist das Fenster, umso geringer ist in Folge der Lüftungswärmeverlust und desto besser ist der Schallschutz. Im aktuellen Regelwerk der EN Normen werden jedoch die Verluste der Fenster über Fugen durch den Begriff der Luftdurchlässigkeit, bezogen auf Fugenlänge oder Fensterfläche ersetzt. Das Prüfverfahren der Luftdurchlässigkeit für Fenster und Fenstertüren wird in der ÖNORM EN 1026 [85] beschrieben, die Klassifizierung erfolgt gemäß ÖNORM EN 12207 [90].

$$V_1 = \frac{V_n}{l} \quad [m^3 / m \cdot h] \quad (110.3\text{-}02)$$

Die längenbezoge Fugendurchlässigkeit V_1 ist der auf die Länge (l = Fugenlänge) bezogene Luftvolumenstrom V_n als Funktion der Luftdruckdifferenz Δp.

Ist keine ausreichende Öffnung der Fenster möglich bzw. werden Schallschutzfenster (die einen extrem niedrigen a-Wert wegen der der schallschutztechnischen Anforderungen aufweisen) eingebaut, ist durch Zwangs- und Dosierlüfter, die im Rahmen- oder Flügelbereich der Fenster eingebaut werden, eine Lüftung möglich. Bei eine seitlichen Anordnung oder ober- und unterseitiger Situierung der Lüfter kann auch bei Windstille durch das temperaturbedingte Druckgefälle eine bessere Lüftung erzielt werden. Alternativ zu Zwangs- und Dosierlüftern stehen Gebäude-Lüftungssysteme (siehe Bd. 16: Lüftung und Sanitär [19]).

Abbildung 110.3-06: Anordnung und Wirkung von Dosierlüftern

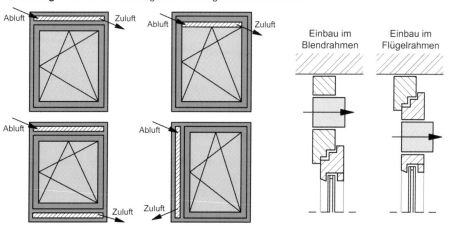

110.3.3 LICHT- UND STRAHLUNGSTECHNISCHE EIGENSCHAFTEN

Für eine Verglasung sind die licht- und strahlungstechnischen sowie die wärmetechnischen Eigenschaften von entscheidender Bedeutung. Die grundlegenden physikalischen Größen der licht- und strahlungstechnischen Eigenschaften sind die Transmission, die Reflexion und die Absorption des Lichts.

Bei den lichttechnischen Eigenschaften wird auf das sichtbare Licht (Wellenlängenbereich 380 bis 780 nm) Bezug genommen, bei den strahlungstechnischen Eigenschaften auf das gesamte Sonnenstrahlenspektrum (Wellenlängenbereich 280 bis 2500 nm). Die Wirkungsweise von Wärmeschutzschichten basiert auf der Erkenntnis, dass die Schichten eine optische Filterwirkung besitzen; man nennt sie deshalb auch „*selektiv*", d.h. für kurzwellige Strahlung (Sonnenstrahlen), insbesondere im sichtbaren Bereich (Wellenlänge 380–780 nm), sind Wärmeschutzschichten hochtransparent, dagegen für langwellige Strahlung (Wellenlängenbereich 3000–50000 nm) IR-Strahlung, hochreflektierend. Dies bedeutet für die Praxis, dass (kurzwellige) Sonnenenergiestrahlen (bis ca. 2500 nm) relativ ungehindert in den Innenraum gelangen (Sonnenkollektoreffekt). Hier werden diese von den raumbegrenzenden Flächen absorbiert und zum großen Teil als langwellige Wärmestrahlung wieder abgegeben. Da die Wärmeschutzschichten im langwelligen Bereich wie erwähnt eine hohe Reflexion besitzen, kann dieser Energiezugewinn sinnvoll genutzt werden.

Mit der Selektivitätskennzahl S kennzeichnet man das Verhältnis Lichtdurchlässigkeit zur Gesamtenergiedurchlässigkeit g. Diese Kennzahl S wertet die Sonnenschutzgläser in Bezug auf eine erwünschte hohe Lichtdurchlässigkeit im Verhältnis zu der jeweils angestrebten niedrigen Gesamtenergiedurchlässigkeit. Eine hohe Selektivitätskennzahl drückt ein günstiges Verhältnis aus. Für nicht vergütete Isoliergläser kann ein g-Wert von 0,75 angesetzt werden, Sonnenschutzgläser erreichen g-Werte von unter 0,30.

110.3.3.1 DOPPELSCHEIBEN- UND ISOLIERGLASEFFEKT

Der Scheibenzwischenraum (SZR) bildet bei Isoliergläsern ein zum Außenraum hermetisch abgedichtetes Volumen, auf das die Gasgesetze anzuwenden sind, d.h. die Scheiben sind am Rand durch die Verklebung fest verbunden und wirken deshalb wie Membranen. Bei allen Luftdruck- und Temperaturschwankungen verändert sich das Scheibenzwischenraum-Volumen da sich die Scheiben entsprechend durchbiegen. Diese Durchbiegung äußert sich in mehr oder minder starken Verzerrungen der Spiegelbilder bei Betrachtung der Scheiben in der Außenansicht. Diese physikalisch unvermeidbare Erscheinung nennt man „*Doppelscheibeneffekt*" oder „*Isolierglaseffekt*". Dieser Effekt ist eigentlich ein Qualitätsbeweis für das Isolierglas, erkennt man doch durch diesen Effekt, dass der Scheibenzwischenraum hermetisch abgedichtet ist und es somit zu keiner Kondensatbildung im Scheibenzwischenraum kommen kann. Der Isolierglaseffekt hängt von der Scheibengröße und der Breite des Scheibenzwischenraumes ab. Ist dieser zu breit – gute Erfahrungen liegen heute für bis zu 16 mm SZR bei einer Seehöhe bis zu 800 m über dem Produktionsort der Gläser vor –, so kommt es zwangsläufig zu einer zu starken mechanischen Belastung für die Scheibe. Die Folgen können dann Glasbruch und/oder ein Abriss im Randverbund sein.

Abbildung 110.3-07: Schematische Darstellung des „Isolierglaseffektes"

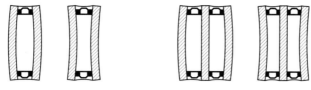

ZWEISCHEIBEN-ISOLIERGLAS   DREISCHEIBEN-ISOLIERGLAS

Der Isolierglaseffekt ist besonders stark bei Dreifach-Isolierglas, da die Breite der beiden Scheibenzwischenräume dieser Scheiben zu addieren ist und somit als ein verbreiterter Zwischenraum wirkt, d.h. SZR 12 + SZR 12 = SZR 24! Es ist bekannt, dass die mittlere Scheibe in der Regel bei Außendruck- oder Temperaturschwankungen starr bleibt und dadurch die beiden äußeren Scheiben sich umso mehr durchbiegen. Aus diesem Grund ist die mechanische Beanspruchung durch den Isolierglaseffekt bei Dreifach-Isolierglas erheblich höher als bei Zweifach-Isolierglas und das Risiko bezüglich Bruch und Kondensatbildung im Scheibenzwischenraum größer. Damit sinkt die Nutzungsdauer des Dreifach-Isolierglas-Elementes.

110.3.3.2 BESCHICHTUNGSTECHNOLOGIE

Metallbeschichtungen auf der Basis von Gold, Silber und Kupfer werden heute mit dem Kathodenzerstäubungsverfahren im Vakuum auf Floatglas aufgebracht. Die älteste Beschichtungsart ist die Goldbeschichtung. Es handelt sich um eine Zweifach-Beschichtung, bestehend aus einer oxidischen Haftschicht und einer dünnen Funktionsschicht aus Gold. Die Haftschicht ist notwendig, da Gold auf Glas keine Haftung besitzt. Silberbeschichtungen sind chemisch wesentlich reaktionsfreudiger, so dass diese Beschichtungen korrosionsanfälliger sind. Deshalb sind besondere Maßnahmen in Form von Deckschichten notwendig.

Haftschicht
   Im Allgemeinen eine Metalloxidschicht, die so dick ist, dass die Verunreinigungen der Glasoberfläche abgedeckt werden, da es nicht möglich ist, solch große Scheiben chemisch absolut sauber zu waschen.

Funktionsschicht
   Die Dicke der Funktionsschicht auf der Basis von Silber beträgt 0,012–0,016 µm. Die Absorption der Silberschicht im sichtbaren Bereich ist sehr gering, es ist deshalb möglich, die Schichten in der Durchsicht in Verbindung mit Entspiegelungsschichten (Haft- und Deckschicht) farbneutral zu gestalten und eine Verglasung mit gutem Wärmeschutz ohne störende Abdunkelung des Lichtes im Raum zu erzielen.

Deckschicht
   Hier handelt es sich im Allgemeinen wieder um eine Metalloxidschicht. Sie schützt die Funktionsschicht vor chemischer Zerstörung. Die Gesamtdicke der drei Schichten kann bis zu 0,1 µm betragen, d.h. Deck- und Haftschicht sind wesentlich dicker als die Funktionsschicht. Die Deck- und Haftschichten haben darüber hinaus die Aufgabe, die Funktionsschicht im sichtbaren Bereich zu entspiegeln. Dadurch werden Transmissionserhöhungen und Farbveränderungen in Durch- und Außenansicht erzielt. Eine nicht entspiegelte Silberschicht erscheint in Durchsicht blau. Wenn heute Wärmedämmbeschichtungen auf der Basis von Silber auf dem Markt angeboten werden, die in der Durchsicht leicht

grünlich wirken, so hängt das damit zusammen, dass die Schichten entweder optimal für eine bestimmte Wellenlänge entspiegelt sind oder dass Haft- oder Deckschichten eingesetzt werden, die über eine relativ starke Eigenabsorption verfügen.

110.3.4 BELICHTUNG

Eine der primären Aufgaben von Fenstern ist die natürliche Belichtung von Räumen. Neben der Größe der Fensterflächen üben auch die nachfolgenden Faktoren einen Einfluss auf die Belichtungsintensität aus.

- Neigung des Fensters,
- Leibungstiefe,
- Brüstungshöhe,
- Himmelsrichtung und Uhrzeit,
- Beschattung,
- Fensterrahmenanteil,
- Glasart,
- Schmutz,
- Reflexion,
- Jahreszeit,
- Abstand vom Fenster,
- Reflexionsgrad der Bebauung.

Man unterscheidet bezüglich der Lichteigenschaften drei Hauptarten von natürlichem Licht. Dies sind der Einfall von Zenitlicht, das Sonnenlicht als direkte Strahlung und die durch vielfache Reflexion entstandene diffuse Lichtstrahlung. Das durch Decken- oder Dachöffnungen von oben einfallende Licht hellt den Raum bezogen auf die Öffnungsgröße am stärksten auf. Als Faustformel kann ein Verhältnis zur Wandöffnung von 4:1 angenommen werden. Im Industrie- und Ausstellungsbau wird diese Technik vorrangig verwendet und hat zur Entwicklung von eigenen Gebäude- und Fenstertypen sowie Lichtführungskonzepten geführt.

Die Unterscheidung von gerichtetem und diffusem Licht ist für die Planung von Belichtungskonzepten grundlegend. Sonnenlicht, also direkt durch die Fensteröffnung in den Raum einstrahlendes gerichtetes Licht ist besonders sorgfältig zu behandeln. Starke Hell-Dunkelkontraste und Schattenwirkungen stellen sich im Raum ein, die besonders in der Arbeitswelt häufig die Funktionsabläufe behindern und daher vermieden werden müssen. Andererseits kann dieses Licht, ähnlich der Verwendung von Akzentbeleuchtung bei der Lichtplanung von künstlichem Licht, stimmungsvoll zur Herausarbeitung von Plastizität und Raumgliederung eingesetzt werden. Durch den Sonnenzyklus über den Tagesverlauf und die Jahreszeiten werden die großen Bezüge zur natürlichen Umwelt und dem geografischen Ort in das Gebäude hereingeholt. Dem gegenüber steht der diffuse Lichtanteil des in den Raum eindringenden Lichts. Das ist Sonnenlicht, das durch eine große Zahl an Brechungen und Reflexionsvorgänge in der Atmosphäre und an Objekten an der Erdoberfläche einen *„homogenen Lichtkörper"* entstehen lässt, der durch alle Öffnungen quasi gleichmäßig eindringt. Nach Norden gerichtete Fensteröffnungen nutzen vorrangig diesen Lichttyp, der im Inneren eine im Gegensatz zum Sonnenlicht gleichmäßigere Ausleuchtung erreicht. Die Schattenwirkung ist wesentlich weniger kontrastreich, und daher sind alle Raumobjekte im Gesichtsfeld deutlicher zu erkennen. Ein nüchterner Raumeindruck ohne emotionale große Beanspruchung (oder Ablenkung) stellt sich dabei ein.

Lichtführungskonzept

Unter der Lichtführung versteht man ein präzises Konzept der Dosierung und Lenkung des einfallenden Lichts in Hinblick auf die angestrebte Nutzung. Moderne Tageslichtsysteme integrieren die Anforderungen an die Sonnen- und Tageslichtführung, den Sonnenschutz und den Blendschutz. Der Einsatz von Tageslichtsystemen bestimmt das Raumkonzept und die Fassadengestaltung und damit den architektonischen Ausdruck wesentlich.

110.3.5 SONNEN- UND BLENDSCHUTZ

Sonnen- und Blendschutz stellen zusätzliche Bauelemente der Öffnung dar. Ihre Aufgabe besteht darin, die Sonnen- und Tageslichteinstrahlung in den Innenraum nach Bedarf zu dosieren oder sogar ganz auszuschließen. Sekundär können sie in der Nacht als Schutz vor Einblicken dienen. Es bestehen vielfältige Möglichkeiten, den Sonnen- und Blendschutz architektonisch zu thematisieren. Um einen effizienten, funktionsfähigen Schutz zu erreichen, müssen jedoch gewisse bauphysikalische Voraussetzungen beachtet werden.

Im Themenbereich der Fassade sind Sonnen- und Blendschutzelemente heute ein wesentliches gestalterisches wie funktionelles Bauteil. Zumeist werden beide Aufgaben von einem System gemeinsam übernommen. Bei spezifischen Anforderungen ist jedoch auch eine konzeptive Trennung in der Planung erforderlich.

110.3.5.1 SONNENSCHUTZ

Abhängig von der geografischen Lage eines Gebäudes und der Exposition und Durchbildung seiner Fassaden kann der solare Energieeintritt durch die Öffnungen in der Übergangszeit und im Sommer zur Überhitzung der Innenräume führen. Durch den Einsatz eines geeigneten Sonnenschutzsystems wird dies verhindert. Grundsätzlich vermindert der Sonnenschutz den Eintritt von Wärmestrahlung, indem er diese reflektiert. Der g-Wert ist ein Parameter, um die Wirksamkeit des Schutzes zu beurteilen bzw. mit anderen Systemen zu vergleichen. Der als g-Wert bezeichnete Gesamtenergiedurchlassgrad ist die Summe aus Strahlungstransmission und sekundärer Wärmeabgabe nach innen und wird mittels Messungen oder Berechnungen bestimmt. Ein effizienter Sonnenschutz zeichnet sich durch hohe Reflexionsfähigkeit aus und reduziert damit den g-Wert entsprechend.

Abbildung 110.3-08: Wirkungsweise Sonnenschutz

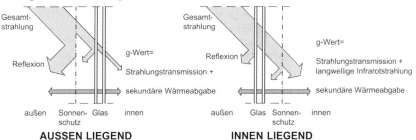

Um Überhitzung wirksam zu verhindern, muss die Reflexion der Einstrahlung vor der Glasscheibe erfolgen. Optimal angeordneter Sonnenschutz ist daher grundsätzlich außen liegend, vermeidet das Entstehen sekundärer Wärmestrahlung und berücksichtigt die Ablüftung der Rückseite der Sonnenschutzebene. Innen liegender Sonnenschutz ist fast wirkungslos.

Der Einstrahlungsanteil, der von innen liegenden Oberflächen absorbiert wird, wird in der Folge als langwellige Infrarotstrahlung emittiert und führt zu einer zusätzlichen Erwärmung des Innenraumes. Hochwertige Energieschutzgläser verstärken diesen Effekt durch die verbesserte Reflexionswirkung gegenüber langwelligem Licht zusätzlich.

Man unterscheidet außen liegenden, in den Scheibenzwischenraum integrierten und innen liegenden Sonnenschutz. Der Sonnenschutz kann als fixer oder beweglicher Bauteil ausgebildet werden. Neueste Entwicklungen verfolgen Konzepte, steuerbaren Sonnenschutz direkt in das Glaselement durch so genannte Funktionsschichten einzubauen. Diese Funktionsgläser arbeiten nach unterschiedlichen technischen Prinzipien, deren Ziel es ist, angepasst an die Sonneneinstrahlung bzw. unter Berücksichtigung des Lichtbedarfs im Inneren den Lichtdurchlass zu filtern bzw. zu begrenzen. Derzeit sind holografische, temperaturabhängige und elektrooptische Beschichtungen der Gläser in der Versuchs- und Erprobungsphase.

Beispiel 110.3-01: (1) Blendschutz mit Faltläden (D), Peter C. v. Seidlein [36]
(2) Horizontale Gitterelemente (A), Franz Sam [36]

Fixer Sonnenschutz

Beispiele für fixen außen liegenden Sonnenschutz sind Vordächer, vorkragende Bauteile, Balkone, Loggien, Gesimse, horizontale und vertikale Blenden, so genannte „*brise-soleil*" (ein Ausdruck, der von Le Corbusier in seiner Architektursprache für stark die Fassade bestimmende, fixe Sonnenschutzelemente eingeführt wurde), fix montierte Lamellen und Gitter, die die Einsicht, nicht aber den Ausblick behindern.

Beispiel 110.3-02: Fixer Sonnenschutz als integraler Bestandteil der Primärstruktur
(1) Unite d'Habitation in Marseille (FR), 1947, Le Corbusier [111]
(2) L'usine Duval in St. Die (FR), 1945, Le Corbusier [110]

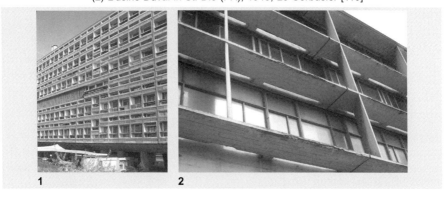

Fixe Sonnenschutzelemente erhalten den direkten Sichtbezug zum Außenraum, können jedoch auf tageszeitlich und saisonal sich ändernde Sonnenverläufe nicht reagieren. Der zwischen Innen- und Außenraum entstehende Zwischenraum kann sowohl architektonisch interessant gestaltet werden als auch zusätzliche Nutzungen zulassen (Loggia, Wintergarten).

Integrierter Sonnenschutz

Unter integriertem Sonnenschutz versteht man Konzepte, die zum Ziel haben, die Sonnenschutzfunktion direkt mit der Verglasung zu verbinden. Hier können zwei Hauptgruppen unterschieden werden. Die eine Gruppe verbessert durch Aufbringung von Funktionsschichten auf die Glasscheibe selbst die Abschattungswirkung, die andere Gruppe erreicht durch die Einlage von Beschattungselementen in den Scheibenzwischenraum der Isolierglaselemente diese Wirkung.

- *Funktionsgläser*
  Bei den Funktionsgläsern sind ebenfalls zwei Unterscheidungsmerkmale feststellbar: Funktionsgläser mit fixen oder veränderlichen Eigenschaften. Die fixen werden vorwiegend durch Bedruckungstechniken erzielt, die eine fixe Sonnenschutzwirkung, bestimmt durch das Ausmaß und die Dichte des Bedruckungsmaßes, ergeben. Die häufigste Bedruckungstechnik ist dabei das Emaillieren, doch sind auch galvanische Techniken im Einsatz. Der Bedruckungsraster und die Punktgröße sind frei wählbar und können auch stufenlos den Anforderungen durch entsprechenden Verlauf der Musterrasterung angepasst werden. Bei den veränderlichen Sonnenschutzeigenschaften wird eine regelbare oder über die Materialeigenschaften vorprogrammierte Funktionsschicht auf die Glasscheibe aufgebracht. Diese Techniken bergen ein erhebliches bautechnisches Potenzial. Ausgereifte Systeme könnten die bautechnisch aufwändigen Sonnenschutzzusatzkonstruktionen entfallen lassen und nach Erreichen des Großserienstatus zu erheblichen Kosteneinsparungen vor allem bei den Wartungskosten der anfälligen mechanischen Systeme führen. Derzeit in der Pilotprojektphase befindliche Systeme sind:

  – *Holografische Funktionsgläser*
    Durch das Aufbringen von holografischen Schichten auf die Glasoberfläche wird der Anteil des gerichteten Sonnenlichts umgelenkt und gebündelt. Dieses intensive Licht wird auf nachgeschaltete, in das Fensterelement integrierte Fotovoltaikzellen zur Stromgewinnung geleitet. Das diffuse Tageslicht bleibt davon unberührt und dringt durch die Zwischenräume der Voltaikplättchen in das Gebäude ein und sorgt für eine gleichmäßige Ausleuchtung. Dies ist ein sehr effizientes, aber noch sehr kostenintensives System, Nutzlicht ins Gebäude zu holen und überschüssige direkte Sonnenstrahlung in Strom zu verwandeln.

  – *Temperaturabhängige Funktionsgläser*
    Das sind Verbundglasscheiben, deren spezielle Verbundschicht durch Temperatursteigerung von einem durchsichtigen in einen undurchsichtigen Zustand übergeht. Dieser Vorgang wirkt über den gesamten solaren Spektralbereich, reduziert anteilig den Lichtdurchlass und läuft reversibel ab. Technisch unterscheidet man „*thermotrope Schichten*", das sind polymere Hydrogele, die bei Temperaturanstieg zu Kügelchen ausklumpen und so das Licht diffus brechen und „*thermochrome Schichten*", das sind dünnste Metallschichten, deren Reflexionsverhalten und damit die Durchsicht bei Temperaturwechsel sich verändert.

- *Elektrooptische Funktionsgläser*
  Sie sollen eine aktive Steuerung der Strahlungsdurchlässigkeit ermöglichen, indem eine geringe elektrische Spannung an die Funktionsschicht angelegt wird. Über eine zentrale Gebäudeleittechnik kann in Zukunft sensorgesteuert die Verglasung an die Lichtverhältnisse angepasst werden. Im Außenbereich wird dabei mit elektrochromen Schichten experimentiert.

Abbildung 110.3-09: Funktionsgläser als Verbundgläser mit Spezialverbundschichten

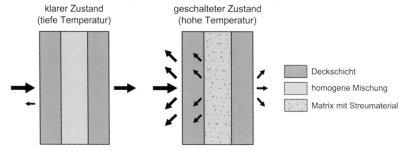

- *Isoliergläser mit Sonnenschutzeinlagen*
  Das sind jene Arten von Sonnenschutzverglasungen, die in den Scheibenzwischenraum integrierte Lamellen, Streckmetalleinlagen oder spezielle winkelselektive Sonnenschutzraster aus Aluminium oder metallbeschichtetem Kunststoff aufweisen. Diese Raster geben bei gerichteter Orientierung die Durchsicht und den Großteil des diffusen Tageslichteintrages frei, reflektieren aber den Bereich des direkt einfallenden Sonnenlichtes. Bei der Anwendung ist die unterschiedliche Durchsicht nach Himmelsrichtung bei der Raumgestaltung zu beachten.

Beispiel 110.3-03: Funktionsgläser mit Horizontallamellen als Schutzeinlagen [109]

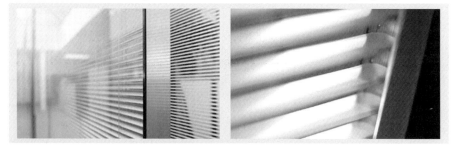

Beispiel 110.3-04: Funktionsgläser mit winkelselektiven Sonnenschutzeinlagen [109]

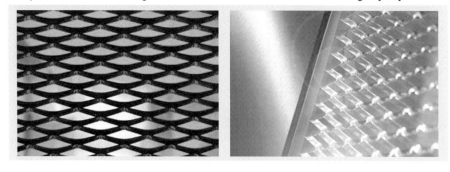

Durch innovative Verbindungstechnik ist eine fast unsichtbare Stoßstelle ohne zusätzliche Aussteifungselemente, als Basis für große Elemente bis zu ca. 220 x 350 cm, möglich. Durch veränderte Oberflächen- und Farbgestaltung kann das Isolierglas als architektonisches Gestaltungselement bewusst eingesetzt werden. Andere Oberflächen verändern die technischen Werte. Durch Messungen wurden sehr niedrige Gesamtdurchlassgrade bei gleichzeitig sehr guten Lichttransmissions- und Lichtreflexionswerten als Basis für den sommerlichen Wärmeschutz nachgewiesen.

Flexibler Sonnenschutz

Beispiele für flexiblen, außen liegenden Sonnenschutz sind Klapp-, Falt- und Schiebeläden, Markisen, Rollläden, Lamellen- oder Raffstoren. Flexibler Sonnenschutz erlaubt die laufende Anpassung an den Sonnenstand und eine Dosierung der einfallenden Strahlung nach individuellen Bedürfnissen. Ein typischer g-Wert liegt bei 0,10. Die Tageslichtausbeute durch Lichtlenkung ist bei den verschiedenen Typen sehr unterschiedlich und muss auf die Raumnutzung abgestimmt sein. Klapp-, Falt- und Schiebeläden aus Holz, Aluminium und Verbundwerkstoffen können zusätzlich einen guten Sicht- und Einbruchschutz bieten. In der Fassadenschichtung entsteht eine interessante, da vielfach nutzbare Zwischenzone. Das Öffnen und Schließen der Elemente bewirkt einen stark wechselnden Fassadencharakter. In die Elemente eingebaute bewegliche Lamellen erhöhen die Flexibilität bezüglich des Lichteinfalls. Bei allen Systemen ist die additive Montage als sichtbares Fassadenelement möglich. Bei Markisen-, Rollladen- und Lamellenstorensystemen ist der integrative Einbau im Sturzbereich möglich. Es ist jedoch zu berücksichtigen, dass zwischen Gebäudehülle und Sonnenschutz entstandene warme Luft ablüften kann. Bei in den Sturz eingebauten Systemen ist die Detailausbildung bezüglich des Wärme-, Schall- und Feuchtigkeitsschutzes und hinsichtlich der Wartung zu beurteilen. Die Wind- und Sturmsicherheit der beweglichen Teile ist zu berücksichtigen.

Innen liegender Sonnenschutz ist insofern weniger wirkungsvoll, als die entstehende Wärme im Raum gefangen bleibt, was durch ein Absaugen der warmen Luft oberhalb des Sonnenschutzes teilweise vermieden werden kann. Ein typischer g-Wert liegt bei 0,30. Reinigung und Wartung sind einfacher, die Kosten wesentlich geringer als bei außen liegenden Systemen. Moderne Verwaltungsgebäude werden mit hochwertigen, innen liegenden Sonnenschutzsystemen ausgerüstet. Die Gründe dafür sind vielfältig: Wartungskosten im Hochhausbau, windexponierte Lagen, Denkmalschutz, leistungsfähige Sonnenschutzverglasungen und der gestalterische Wunsch, auf den außen liegenden Sonneschutz zu verzichten.

Bei der Weiterentwicklung der Systeme ist festzustellen, dass die Sonnenschutzelemente in ein gesamtheitliches *„Daylighting-System"* integriert werden. Dieses hat vorrangig die Aufgabe, temporäre Blendung und unerwünschten Energieeintrag flexibel zu vermeiden und für eine an den Funktionen im Inneren orientierte, optimale natürlichen Belichtung zu sorgen. Dies wird technisch mit prismatisch geschliffenen, dem Sonnenstand nachsteuerbaren Glaslamellen oder mit steuerbaren hochreflektierenden Horizontallamellen-Jalousien, sowohl innen als auch außen eingebaut, erreicht. Diese lenken den Nutzlichtanteil an die dafür speziell vorgerichteten Decken der Innenräume und verteilen so das Licht gleichmäßiger in die Tiefe des Gebäudes.

110.3.5.2 MARKISEN

Beim Einsatz von Markisen (Bilder 110.3-15 bis 34) bestimmt die Lichtdurchlässigkeit der Bespannung die Tageslichtausbeute und die Farbe die Raumstimmung. Man unterscheidet:

- Senkrechtmarkisen, die nicht ausgestellt werden können und den Ausblick verhindern.
- Markisoletten, die als Variante der Senkrechtmarkise durch Umlenkrollen und Ausstellarme den teilweisen Ausblick ermöglichen.
- Fallarmmarkisen, deren Fallarme an ihren Enden mit einer Stange verbunden sind und mittels Schwerkraft eine textile Bespannung abrollen und in einen bestimmten, fixen Winkel zur Fassade stellen.
- Knickarm- oder Gelenkarmmarkisen ermöglichen das in Neigung und Tiefe variable Ausfahren einer aufgerollten Bespannung.

Abbildung 110.3-10: Systeme mit flexiblem Sonnenschutz

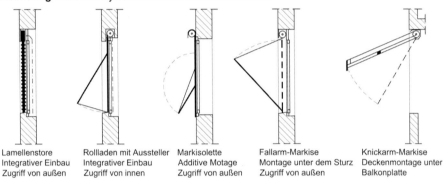

Lamellenstore
Integrativer Einbau
Zugriff von außen

Rollladen mit Aussteller
Integrativer Einbau
Zugriff von innen

Markisolette
Additive Motage
Zugriff von außen

Fallarm-Markise
Montage unter dem Sturz
Zugriff von außen

Knickarm-Markise
Deckenmontage unter Balkonplatte

110.3.5.3 ROLLLADEN

Diese bestehen aus seitlich in einem U-Profil geführten, nicht verstellbaren Stäben. Bei Nichtgebrauch werden die Stäbe auf eine im Sturzbereich montierte Walze aufgerollt oder über eine Umlenkwelle zum Paket gefaltet (sog. Faltrollladen). Der Grad der Lichtdurchlässigkeit wird durch die Profilierung des Stabquerschnitts (Ineinandergreifen der einzelnen Stäbe) bestimmt, die Reflexion durch das Stabmaterial. Stäbe bestehen heute meist aus Aluminium, welches einen hohen Reflexionsgrad mit geringem Unterhaltsaufwand verbindet. Das früher oft verwendete Holz ist dagegen anspruchsvoller im Unterhalt. Optional können Rollladen ausgestellt werden und so den Eintritt von indirekt reflektiertem Tageslicht ermöglichen (Bilder 110.3-45 bis 52).

Die Anordnung der Kästen kann auf zwei Arten geschehen. Entweder wird der Kasten außen auf den verlängerten Stockbereich aufgesetzt, oder er wird im Zuge des Rohbaus bereits in den Wandaufbau integriert. Dabei werden Fertigteile verwendet, die bereits voll gedämmt sind und die Überlagerfunktion übernehmen. Die Schwachstelle des Systems ist die bauphysikalisch richtige Konzeption und Integration des Rollladenkastens in den Sturzbereich des Fensters. Der Hohlraum für das Stabpaket muss zum Innenraum hin dampfdicht und entsprechend gut gedämmt sein. Wegen des Hohlraums ist die Gefahr einer Luftschallbrücke gegeben. Der Antrieb erfolgt manuell über Gurt- oder Kurbelantrieb oder über Elektromotor. Die Durchführungen sind auch auf potenzielle Schwachstellen hin sorgfältig zu planen. Hier werden heute Produkte angeboten, die diese Aufgabe weitgehend erfüllen.

Abbildung 110.3-11: Schema konstruktive Anordnung von Rollladenkästen

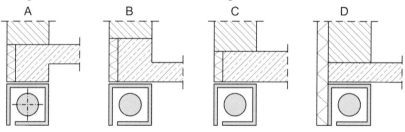

- A UNTER DEM FENSTERSTURZ
- B UNTER DER DECKE, STURZ ALS ÜBERZUG
- C UNTER DER DECKE, STURZ DURCH DECKENVERSTÄRKUNG GEBILDET
- D FASSADE MIT DURCHGEHENDER WÄRMEDÄMMUNG

110.3.5.4 LAMELLEN- ODER RAFFSTORE (JALOUSIEN)

Das Raffstoresystem wird als vertikales Sonnenschutzsystem eingesetzt. An seitlichen Führungsschienen oder -seilen werden aus Stabilitätsgründen profilierte Lamellen mechanisch oder elektrisch betätigt. Die Lamellen sind in ihrer Längsachse drehbar und ermöglichen dadurch eine stufenlose Regulierung des Lichteinfalls. Durch die Wahl des Lamellentyps, der Behangart und einer abgestimmten Sonnenschutzsteuerung können Durchsicht, Sonnenschutz und Blendschutz individuell für das Gebäude erreicht werden. Im Ruhezustand befinden sich die Lamellen in horizontaler Position im Storenkasten. Anordnungsmöglichkeiten bestehen vor (außenseitig) und hinter (innenseitig) der Verglasungsebene sowie im Scheibenzwischenraum (bei Verbund- und Kastenfenstern). Die beste Wirkung wird bei außen liegender Beschattung erzielt, bei innen liegender Jalousie geht die wärmetechnische Wirkung weitgehend verloren. Hier sind die Vorteile in der Leichtigkeit der Konstruktion und in den geringeren Kosten zu suchen (Bilder 110.3-40 bis 44).

Abbildung 110.3-12: Einbau von Außenjalousien

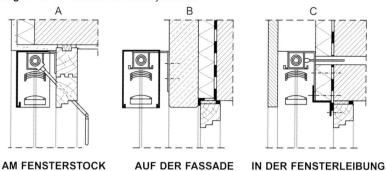

AM FENSTERSTOCK AUF DER FASSADE IN DER FENSTERLEIBUNG

Bei Fenstern oder Türen, die als Fluchtwege genutzt werden, muss der Behang in der Notfallsituation den Weg freigeben. Mit einem speziellen Notraffsystem kann der Behang am Notausgang durch Betätigung eines Hebels oder Seilzugs blitzschnell hochgefahren werden. Dieser funktioniert auch bei Stromausfall durch Handbetätigung.

110.3.5.5 FENSTERLÄDEN

Eine traditionelle Form des Verschlusses der Fensteröffnungen. Ursprünglich als ausschließlicher Raumabschluss verwendet, gibt es heute eine Vielzahl an Ausführungsformen und Materialien. Die gebräuchlichsten Typen sind der Klapp-, Falt- und Schiebeladen.

- Klappfensterläden werden entweder direkt am Mauerwerk befestigt oder – unter bestimmten Voraussetzungen – auf den Blendrahmen am Fenster montiert. Die Leibung darf hierbei jedoch nicht zu tief sein.
- Faltläden sind eine Abart der Klappläden, da sie durch Aufteilung der Ladenfläche in schmale vertikale Ladenteile und deren Faltung eine paketartige Stapelung zulassen. Diese Pakete werden dann seitlich in der äußeren Mauerleibung geparkt.
- Schiebeläden werden an Führungsschienen parallel zur Fassadenebene bewegt. Sie können in zwei oder mehreren Ebenen geführt werden, was den Öffnungsgrad der Ladenfläche bestimmt.

Moderne Fassadenkonzeptionen verwenden Läden, um eine komplette Fassadenoberfläche des Gebäudes zu erzielen. Die im geschlossenen Zustand einheitliche Mantelfläche erfährt durch den individuellen Gebrauch der Nutzer eine ständige Veränderung, die den Reiz der Gesamterscheinung des Gebäudes ausmacht (Bild 110.3-53).

Beispiel 110.3-05: (1) Schiebeläden als Sonnen- und Sichtschutz, MFH Augsburg (D)
(2) Transluzente Wendelamellen, Henke + Schreieck (A) [108]

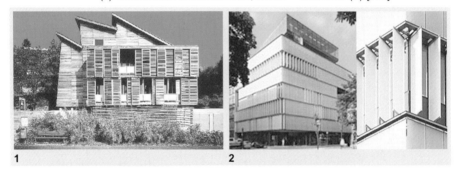

110.3.5.6 BLENDSCHUTZ

Blendung wird durch starke Leuchtdichteunterschiede im Gesichtsfeld verursacht und führt zu einer Störung der visuellen Wahrnehmung, die bei Nutzung für Arbeitsräume insbesondere mit Bildschirmarbeit nicht erwünscht ist. Blendung kann durch direkten Sonnen- oder Kunstlichteinfall und dessen Reflexionen an Oberflächen (z.B. Schnee, weiße Fassaden, helle Möbeloberflächen) in und außerhalb des Gebäudes entstehen. Blendung kann durch Reduktion der Leuchtdichte und Einsatz von gerichtetem Licht vermieden werden. Blendung ist aber auch ein individuell subjektives Empfinden und von der Tätigkeit im Raum (Bildschirmarbeit, Wandprojektion) abhängig. Ein Blendschutz ist grundsätzlich innen liegend anzuordnen, um erwünschte solare Gewinne in der Winterperiode zuzulassen.

Die Funktionen eines Blendschutzes sind die Dosierung und Ausrichtung des einfallenden Tageslichts ohne wesentliche Reduktion der Tageslichtausbeute und des Sichtbezuges zum Außenraum. Typen von Blendschutz sind Vorhänge, verschiebbare Screens und Lamellenstoren.

Sonnen- und Blendschutz 73

Vorhänge und verschiebbare Screens sind nur horizontal verschiebbar, dem Sonnenstand nachführbar, müssen aber als Blendschutz vollflächig zugezogen werden. Zur Raumverdunklung muss eine weitere Vorhangschicht angeordnet werden (Prinzip der Tag- und Nachtvorhänge). Traditionelle Stoffvorhänge determinieren die Lichtdurchlässigkeit und den Außenbezug, moderne High-Tech-Textilien ermöglichen dagegen gute Reflexionswerte bei nur leicht verminderter Transparenz.

Lamellenstoren sind in ihrer Vertikalachse verstellbar und ermöglichen eine präzise Regulierung des Lichteinfalls. Bei entsprechend lichtundurchlässiger Beschichtung können sie gleichzeitig zur Raumverdunklung verwendet werden. Je nach Stellung der Lamellen bleibt der Außenbezug erhalten.

Beispiel 110.3-06: (1) Vorhänge als Blendschutz, neue Nationalgalerie, (D), 1968, Ludwig Mies van der Rohe [15]
(2) Innen liegende Storen, Fansworth Haus, (USA), 1950, Ludwig Mies van der Rohe [15]

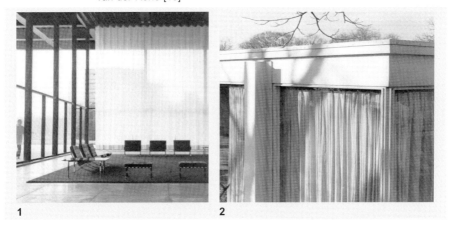

Beispiel 110.3-07: (1) Vertikale Lamellenstoren Raumentwicklung innen [112]
(2) Vertikale Lamellenstoren mit Ausrichtungssicherung [112]

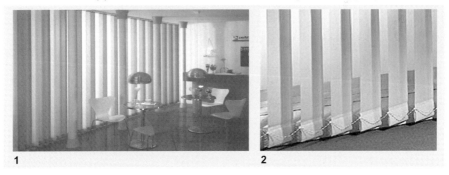

110.3.5.7 LICHTLENKSYSTEM MITTELS LAMELLEN

So genannte Umlenkstoren mit entsprechend disponierten Lamellenquerschnitten aus poliertem Aluminium leiten einfallendes Licht in die Tiefe des Raumes und ermöglichen eine gleichmäßige Ausleuchtung ohne Blendwirkung. Es können damit in der kalten Jahreszeit auch passiv-solare Energiegewinne erzielt werden. Wesentliches Einsatzgebiet der Lichtumlenkung ist bei der Planung von Bildschirm-Arbeitsplätzen gegeben. Denn hier ist häufig der Kontrast zwischen Bildschirm- und Umgebungshelligkeit zu gering, oder Tageslicht spiegelt sich auf dem Monitor. Aufgrund der natürlichen Helligkeitsschwankungen des Tageslichtes treten an Bildschirmarbeitsplätzen große Kontraste und Reflexionen auf. Das bedeutet eine starke Belastung der Augen, die zu bleibenden Augenschäden führen kann.

Abbildung 110.3-13: Doppelbehang-Jalousie für Bildschirmarbeitsplätze

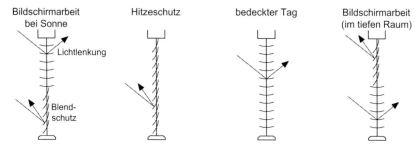

Abbildung 110.3-14: Systemdarstellung – Jalousie

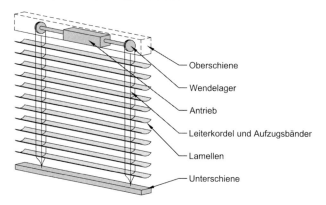

Erforderliche Abschattung und gleichzeitiger Einsatz von Kunstlicht statt Tageslicht kostet unnötig Energie. Mit den Lichtlenkjalousien wurden bildschirmoptimierte „Daylight-Systeme" entwickelt. Dabei ist der Lamellenbehang in zwei Bereiche unterteilt, die getrennt gesteuert werden können. In der Stellung Bildschirmarbeit ist der untere Behangteil geschlossen, während über die oberen, waagrecht stehenden Lamellen Tageslicht blendfrei in den Raum transportiert wird.

Beispiel 110.3-08: Umlenkstore in Doppelbehang [112]

110.3.6 BAUPHYSIK

Fensterflächen stellen aus wärme- und schalltechnischer Sicht eine Problemstelle der Außenhülle dar. Ein beispielsweise deutlich höherer U-Wert im Vergleich zur massiven Außenwand auch für neuwertige Fenster führt bei tiefen Außentemperaturen zu einer reduzierten Oberflächentemperatur an der Innenseite mit den Begleiterscheinungen der Kondensation und erhöhter Luftströmung (→ Unbehaglichkeit). Bei schlecht angeschlossenen Fenstern können zusätzliche Wärmebrücken entstehen, die trotz der Ausführung einer an sich guten Wandkonstruktion zu Schadensfällen führen.

Die Verglasung selbst, insbesondere Mehrscheibenverglasungen, bietet eine Verbesserung der technischen Eigenschaften durch Wahl von speziellen Qualitäten, Beschichtungen und Gasfüllungen der Scheibenzwischenräume. Diese Maßnahmen beeinträchtigen allerdings die Lichttransmission. Darüber hinaus verursacht das weitaus größere Gewicht der Glasflächen verstärkte, teils plump wirkende Flügel- und Stockprofile und hohe Scharnierlasten. Neben dem winterlichen Wärmeschutz ist aber auch im Sommer durch die Immission von Strahlungsenergie durch die Fenster ein Schutzbedürfnis gegeben. Der Nachweis der sommerlichen Überwärmung hängt vom Energiedurchlassgrad der Verglasung, der Orientierung der Fenster und deren Neigung sowie den Beschattungseinrichtungen ab (siehe Bd. 1: Bauphysik [21]).

110.3.6.1 WÄRMESCHUTZ

Der entscheidende Schritt in Richtung Verbesserung des Wärmeschutzes war die Entwicklung des so genannten Isolierglasfensters. Die ersten Isoliergläser wurden von der Firma Thermopane bereits 1938 durch Verlöten von zwei Glasscheiben im Rand mit einem Bleiband hergestellt. Weitere Isolierglastypen wurden aus dieser Technik heraus entwickelt wie beispielsweise durch das Verschmelzen der Glasränder. Die heutigen Isoliergläser werden mit einem Metall- oder Kunststoffabstandhalter hergestellt. Dieser Abstandhalter ist hohl und mit einem Trocknungsmittel gefüllt. Dieses Trocknungsmittel steht im Gasaustausch mit dem Zwischenraum und verhindert ein Beschlagen des Scheibenzwischenraumes. Weiters weist trockene Luft eine niedrigere Wärmeleitfähigkeit auf als feuchte, so dass durch eine praktisch wasserdampffreie Zwischenluft eine maßgebliche Verbesserung des Wärmeschutzes erreicht wird. Letztendgültig wird der Randverbund mit einem Sekundärdichtstoff luftdicht abgedichtet (Bild 110.3-10).

Eine weitere wesentliche Verbesserung der glastechnischen Eigenschaften kann durch die Regelung des Strahlungsaustausches erzielt werden. Der Wärmedurchgangskoeffizient soll möglichst klein sein, um Wärmeverluste aus dem Gebäudeinneren zu minimieren, und der Gesamtenergiedurchlassgrad möglichst groß sein (g-Wert). Der Gesamtenergiedurchlassgrad kann jedoch bei extrem großen Fensterflächen wiederum zu negativen Effekten wie einer sommerlichen Überwärmung führen.

Der Wärmeschutz von Fenstern wird durch den Wärmedurchgangskoeffizienten (U_w-Wert) gekennzeichnet. Er wird entweder durch Messung im Labor bestimmt oder kann aus dem Wärmedurchgangskoeffizienten des Rahmens und dem des Glases sowie dem Einfluss des Randverbundes berechnet werden. Durch den Einsatz von Isoliergläsern mit einem U_g-Wert von unter 1,0 W/(m²K) konnten erstmalig deutliche Verbesserungen erzielt werden. Der U_w-Wert von einfachen Kastenfenstern bzw. Verbundfenstern lag bei ca. 2,5 W/(m²K).

Tabelle 110.3-07: Wärmeschutzwerte von Fenstern

Rahmenwerkstoff	Verglasung	U_w-Wert [W/[m²K]]
Holz-Kastenfenster	2 x 1-fach	~2,5
Holz-Verbundfenster	2 x Isolierglas	<1,0
Holz-Isolierglasfenster	2 x 1-fach	~2,0
Holz-Aluminium-Isolierglasfenster	Isolierglas 2 x	<1,5
Aluminium-Isolierglasfenster	Isolierglas 3 x	<1,0
Kunststoff-Isolierglasfenster	Isolierglas 2 x	<1,5
Stahl-Isolierglasfenster	Isolierglas 2 x	<1,5

$$U_w = \frac{U_g \cdot A_g + U_f \cdot A_f + l_g \cdot \psi_g}{A_g + A_f} \quad (110.3\text{-}03)$$

U_g	Wärmedurchgangskoeffizient des Glases	[W/(m²K)]
A_g	Glasfläche	[m²]
U_f	Wärmedurchgangskoeffizient des Rahmens	[W/(m²K)]
A_f	Rahmenfläche unter Verwendung der Fensterfläche aus der Architekturlichte	[m²]
l_g	Länge der Wärmebrücke (Umfang des Glases)	[m]
Ψ_g	Korrekturkoeffizient für die 2D-Wärmebrücke zwischen Rahmen und Glas	[W/(mK)]

Rahmenarten	ψ_g-Werte [W/(mK)]	
	Doppel- und Mehrfachgläser, unbeschichtet	Doppel- und Dreifachisoliergläser mit Beschichtung
Holz- und Kunststoffrahmen	0,04	0,06
Metallrahmen mit Wärmebrückenunterbrechung	0,06	0,08
Metallrahmen ohne Wärmebrückenunterbrechung	0,00	0,02

Die Indizes der Formel (110.3-03) ergeben sich nach den englischen Bezeichnungen für Fenster (w = window), Glas (g = glass) und Rahmen (f = frame). Sollte das Fenster außer der Rahmenbereiche auch nicht transparente Paneele besitzen, erweitert sich die Gleichung zu:

$$U_w = \frac{U_g \cdot A_g + U_p \cdot A_p + U_f \cdot A_f + l_g \cdot \psi_g + l_p \cdot \psi_p}{A_g + A_f + A_p} \quad (110.3\text{-}04)$$

U_p	Wärmedurchgangskoeffizient des Paneels	[W/(m²K)]
A_p	Paneelefläche	[m²]
l_p	Länge des Umfangs des Paneels	[m]
Ψ_p	Korrekturkoeffizient für die 2D-Wärmebrücke zwischen Paneelrand und Rahmen	[W/(mK)]

Wenn das Paneel eine Wärmebrücke Ψ_p am Rand besitzt, ist diese in gleicher Weise wie für das Glas Ψ_g in Rechnung zu stellen. Bei Kastenfenstern und Doppelfenstern sind die Wärmeübergangswiderstände im Fensterzwischenraum sowie der Wärmedurchlasswiderstand der eingeschlossenen Luftschicht zu berücksichtigen.

Bauphysik

$$U_w = \frac{1}{\frac{1}{U_{w1}} - R_{si} + R_s - R_{se} + \frac{1}{U_{w2}}}$$ (110.3-05)

U_{w1}, U_{w2} Wärmedurchgangskoeffizienten des inneren und äußeren Fensters [W/(m²K)]
R_{si} innerer Wärmeübergangswiderstand des äußeren Fensters [m²K/W]
R_{se} äußerer Wärmeübergangswiderstand des inneren Fensters [m²K/W]
R_s Wärmedurchlasswiderstand der Luftschicht zw. den Gläsern [m²K/W]

Verbundfenster können nach (110.3-03) berechnet werden, wobei der Wärmedurchgangskoeffizient des Glases U_g nach Formel (110.3-06) zu ermitteln ist.

$$U_g = \frac{1}{\frac{1}{U_{g1}} - R_{si} + R_s - R_{se} + \frac{1}{U_{g2}}}$$ (110.3-06)

U_{g1}, U_{g2} Wärmedurchgangskoeffizient der inneren und äußeren Scheibe [W/(m²K)]
R_{si} innerer Wärmeübergangswiderstand der äußeren Scheibe [m²K/W]
R_{se} äußerer Wärmeübergangswiderstand der inneren Scheibe [m²K/W]
R_s Wärmedurchlasswiderstand der Luftschicht zw. den Gläsern [m²K/W]

Der Wärmedurchgangskoeffizient von Glasscheiben errechnet sich bei Einfachscheiben aus:

$$U_g = \frac{1}{R_{si} + \frac{d}{\lambda_g} + R_{se}}$$ (110.3-07)

und bei Isolierglas unter Berücksichtigung der Wärmedurchlasswiderstände R_s des Scheibenzwischenraumes nach (110.3-08)

$$U_g = \frac{1}{R_{si} + \frac{\sum d}{\lambda_g} + \sum R_s + R_{se}}$$ (110.3-08)

Trockenere Luft im Scheibenzwischenraum weist eine niedrigere Wärmeleitfähigkeit auf, eine Verbesserung des Wärmeschutzes ist bereits durch das Abtrocknen der Luft möglich. Weitere Erfolge können durch Ersatz der Luft durch Edelgase erzielt werden.

Technisch werden derzeit die Edelgase Argon, Krypton sowie das seltene Xenon eingesetzt. Abbildung 110.3-15 zeigt anhand einer Grafik bezogen auf den Scheibenzwischenraum die Verbesserung des U_g-Wertes durch die Einführung von Edelgasfüllungen im Vergleich zu trockener Luft im Scheibenzwischenraum. Weiters wird auch deutlich, dass Scheibenzwischenräume über 12 mm zu keiner Verbesserung mehr führen, Konvektion tritt auf. Praktisch üblich haben sich daher optimale Scheibenzwischenräume zwischen 12 mm und 16 mm eingestellt.

Abbildung 110.3-15: U_g-Werte von Zweischeiben-Wärmeschutzverglasungen in Abhängigkeit vom Scheibenzwischenraum, Gasfüllung und des Randverbundes [5]

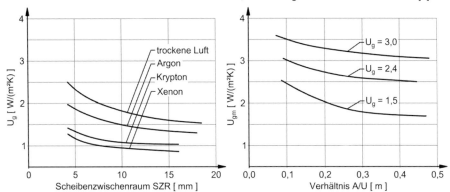

Ein Problem bei der Optimierung des Isolierglases stellt die Wärmebrücke durch den Randverbund dar. Die ersten Fensterkonstruktionen mit dem verschmolzenen Bleiband haben hier naturgemäß eine gewisse Schwachstelle aufgewiesen. Aufgrund der damals noch ungünstigeren Wärmedurchgangskoeffizienten trat jedoch dies nicht außerordentlich stark in Erscheinung. Durch die Einführung der Edelgasfüllung wurde der Wärmeschutz so weit optimiert, dass auch der Randverbund miteinbezogen werden muss. Der Randverbund von Isoliergläsern wird durch den Ψ-Wert beschrieben. Dieser Ψ-Wert beschreibt den längenbezogenen Wärmeverlust des Randverbundes.

Die in den Katalogen von Fensterherstellern angegebenen Werte beziehen sich jeweils auf eine „unendlich" große Scheibe und weisen keine Abminderung (Verschlechterung) durch den Randverbund auf. Wie in dem Grafikbeispiel dargestellt wird gezeigt, wie sich der U_g-Wert von beispielsweise 1,50 W/(m²·K) der unendlichen Scheibe bei einer üblichen Fenstergröße von etwa 1,5 m x 1,5 m auf etwa 1,75 W/(m²·K) verschlechtert. Durch Optimierung des Materials des Randverbundes können Ψ-Werte von unter 0,04 erreicht werden.

Die Optimierung des Strahlungsaustausches erfolgt durch eine Wärmeschutzbeschichtung („Coating"), die neben einer nahezu völligen Verhinderung des Strahlungsaustausches zwischen den Scheiben, der bei konventioneller Isolierverglasung zu etwa 2/3 der Wärmeverluste führt und den U_g-Wert um etwa 1 W/(m²·K) senkt, d.h. mit Einführung einer Wärmeschutzbeschichtung kann der U_g-Wert einer Zweischeibenisolierverglasung von U_g ca. 3,0 W/(m²·K) auf U_g ca. 2,0 W/(m²·K) abgesenkt werden. Mit der heute üblichen Silberbeschichtung kann konventionelles Zweischeibenisolierglas auf den Wärmeschutzwert einer Dreischeibenisolierverglasung abgesenkt werden.

Die Wärmedurchgangskoeffizienten U_f für Holzrahmen einfach (68 mm) liegen bei > 1,3 (1,5) W/(m²K), bei getrennter und gedämmte Alu-Schale bei > 0,7 (0,9) W/(m²K)

Tabelle 110.3-08: Wärmedurchlasswiderstand – Zwischenraum Isolierglasscheiben [60]

Dicke des Zwischenraumes [mm]	Wärmedurchlasswiderstand R_s [m²K/W] des Zwischenraumes; eine Seite beschichtet mit ε =				
	0,1	0,2	0,4	0,8	unbesch.
6	0,211	0,190	0,163	0,132	0,127
9	0,298	0,259	0,211	0,162	0,154
12	0,376	0,316	0,247	0,182	0,173
15	0,446	0,363	0,276	0,197	0,186

Tabelle 110.3-09: Richtwerte für Wärmedurchgangskoeffizienten von Isolierglas [60]

Type	Glas	ε	Abmessung [mm]	Wärmedurchgangskoeffizient R_s [W/(m²K)] bei unterschiedlichen Gasen im Zwischenraum (Konzentration ≥ 90%)			
				Luft	Argon	Krypton	SF6
Zweifachglas	unbeschichtet (normales Glas)	0,89	4-6-4	3,3	3,0	2,8	3,0
			4-9-4	3,0	2,8	2,6	3,1
			4-12-4	2,9	2,7	2,6	3,1
			4-15-4	2,7	2,6	2,6	3,1
	1 Scheibe beschichtet	≤ 0,40	4-6-4	2,9	2,6	2,2	2,6
			4-9-4	2,6	2,3	2,0	2,7
			4-12-4	2,4	2,1	2,0	2,7
			4-15-4	2,2	2,0	2,0	2,7
	1 Scheibe beschichtet	≤ 0,20	4-6-4	2,7	2,3	1,9	2,3
			4-9-4	2,3	2,0	1,6	2,4
			4-12-4	1,9	1,7	1,5	2,4
			4-15-4	1,8	1,6	1,6	2,5
	1 Scheibe beschichtet	≤ 0,10	4-6-4	2,6	2,2	1,7	2,1
			4-9-4	2,1	1,7	1,3	2,2
			4-12-4	1,8	1,5	1,3	2,3
			4-15-4	1,6	1,4	1,3	2,3
	1 Scheibe beschichtet	≤ 0,05	4-6-4	2,5	2,1	1,5	2,0
			4-9-4	2,0	1,6	1,3	2,1
			4-12-4	1,7	1,3	1,1	2,2
			4-15-4	1,5	1,2	1,1	2,2
Dreifachglas	unbeschichtet (normales Glas)	0,89	4-6-4-6-4	2,3	2,1	1,8	2,0
			4-9-4-9-4	2,0	1,9	1,7	2,0
			4-12-4-12-4	1,9	1,8	1,6	2,0
	2 Scheiben beschichtet	≤ 0,40	4-6-4-6-4	2,0	1,7	1,4	1,6
			4-9-4-9-4	1,7	1,5	1,2	1,6
			4-12-4-12-4	1,5	1,3	1,1	1,6
	2 Scheiben beschichtet	≤ 0,20	4-6-4-6-4	1,8	1,5	1,1	1,3
			4-9-4-9-4	1,4	1,2	0,9	1,3
			4-12-4-12-4	1,2	1,0	0,8	1,4
	2 Scheiben beschichtet	≤ 0,10	4-6-4-6-4	1,7	1,3	1,0	1,2
			4-9-4-9-4	1,3	1,0	0,8	1,2
			4-12-4-12-4	1,1	0,9	0,6	1,2
	2 Scheiben beschichtet	≤ 0,05	4-6-4-6-4	1,6	1,3	0,9	1,1
			4-9-4-9-4	1,2	0,9	0,7	1,1
			4-12-4-12-4	1,0	0,8	0,5	1,1

und bei Kunststofffenster (PVC) je nach Kammersystem bei ~1,6 W/(m²K) und bei getrennt gedämmter Schale bei > 0,7 (0,9) W/(m²K). Aluminium als Rahmenmaterial muss thermisch getrennt sein, die Wärmedurchgangskoeffizienten weisen je nach Typ < 2,0 bis 2,8 W/(m²K) auf.

Tabelle 110.3-10: Richtwerte Wärmedurchgangskoeffizienten von Holzrahmen [60]

Dicke d_f [mm]	Wärmedurchgangskoeffizient U_f [W/(m²K)]	
	Weichholz (500 kg/m²) λ = 0,13 W/(mK)	Hartholz (700 kg/m²) λ = 0,18 W/(mK)
30	2,30	2,70
50	2,00	2,35
70	1,80	2,05
90	1,60	1,85
110	1,40	1,65

$$d_f = \frac{d_1 + d_2}{2}$$

$$d_f = \frac{\sum d_{i,Flügel} + d_1}{2}$$

Tabelle 110.3-11: Richtwerte Wärmedurchgangskoeffizienten von Kunststoffrahmen [60]

Rahmenmaterial	Rahmentype	Wärmedurchgangskoeffizient U_f [W/(m²K)]
PVC-Hohlprofil	2 Kammern	2,2
	3 Kammern	2,0
	5 Kammern	1,3

Der Abstand zwischen den Kammerwänden muss mindestens 5 mm betragen.

$$U_f = \frac{1}{R_{si} \cdot \frac{A_{fi}}{A_{di}} + R_f - R_{se} \cdot \frac{A_{fe}}{A_{de}}} \quad (110.3\text{-}09)$$

$$A_{di} = A_1 + A_2 + A_3 + A_4 \qquad A_{de} = A_5 + A_6 + A_7 + A_8$$

R_f Wärmedurchlasswiderstand des Metallrahmens   [m²K/W]

Bauphysik

Bei der Ermittlung des Richtwertes für Metallrahmen ist auch der Unterschied der projizierten Fläche und der abgewickelten Fläche des Rahmens zu beachten. Der Wärmedurchgangskoeffizient U_f eines Metallrahmens ergibt sich aus dem Wärmedurchgangskoeffizienten U_{f0} und den Anteilen der projizierten Fläche A_f und der abgewickelten Fläche A_d.

Tabelle 110.3-12: Richtwerte Wärmedurchgangskoeffizienten von Metallrahmen mit Wärmebrückenunterbrechung [60]

Kleinster Abstand der Alu-Elemente d [mm]	Wärmedurchgangskoeffizient U_{f0} [W/(m²K)]	
	Bereich der Messwerte	Richtwerte
ohne Wärmebrückenunterbrechung		5,9
4	3,4 – 4,0	4,0
8	3,0 – 3,6	3,6
12	2,6 – 3,2	3,2
20	2,2 – 2,8	2,8
28	2,0 – 2,6	2,6
36	1,9 – 2,5	2,5

$$\sum_j b_j \leq 0,2 \cdot b_f \qquad \sum_j b_j \leq 0,3 \cdot b_f$$

Die Annahme unterschiedlicher Wärmedurchgangskoeffizienten für die Verglasung U_g und ein Rahmenanteil von 30% mit einem variablen Wärmedurchgangskoeffizienten U_f liefern nach Formel (110.3-03) die Wärmedurchgangskoeffizienten des Fensters U_w der Tabelle 110.3-13.

Tabelle 110.3-13: U_w-Werte bei unterschiedlichen Glasdicken und einem Rahmenanteil von 30% [60]

Glas	U_g [W/(m²K)]	U_w [W/(m²K)]							
		1,0	1,4	1,8	2,2	2,6	3,0	3,4	3,8	7,0
Einfach	5,7	4,3	4,4	4,5	2,6	4,8	4,9	5,0	5,1	6,1
Zweifach	3,3	2,7	2,8	2,9	3,1	3,2	3,4	3,5	3,6	4,4
	3,1	2,6	2,7	2,8	2,9	3,1	3,2	3,3	3,5	4,3
	2,9	2,4	2,5	2,7	2,8	3,0	3,1	3,2	3,4	4,1
	2,7	2,3	2,4	2,5	2,7	2,8	2,9	3,1	3,2	4,0
	2,5	2,2	2,3	2,4	2,5	2,7	2,8	2,9	3,0	3,9
	2,3	2,0	2,1	2,3	2,4	2,6	2,7	2,8	2,9	3,7
	2,1	1,9	2,0	2,1	2,3	2,4	2,5	2,7	2,8	3,6
	1,9	1,8	1,9	2,0	2,1	2,3	2,4	2,5	2,7	3,5
	1,7	1,6	1,8	1,9	2,0	2,2	2,3	2,4	2,5	3,3
	1,5	1,5	1,6	1,7	1,9	2,0	2,1	2,3	2,4	3,2
	1,3	1,4	1,5	1,6	1,7	1,9	2,0	2,1	2,3	3,1
	1,1	1,2	1,4	1,5	1,6	1,8	1,9	2,0	2,1	2,9
Dreifach	2,3	2,0	2,1	2,2	2,4	2,5	2,7	2,8	2,9	3,7
	2,1	1,9	2,0	2,1	2,2	2,4	2,5	2,6	2,8	3,6
	1,9	1,7	1,9	2,0	2,1	2,3	2,4	2,5	2,6	3,4
	1,7	1,6	1,7	1,8	2,0	2,1	2,3	2,4	2,5	3,3
	1,5	1,5	1,6	1,7	1,8	2,0	2,1	2,2	2,4	3,2
	1,3	1,3	1,5	1,6	1,7	1,9	2,0	2,1	2,2	3,0
	1,1	1,2	1,3	1,5	1,6	1,7	1,9	2,0	2,1	2,9
	0,9	1,1	1,2	1,3	1,4	1,6	1,7	1,8	2,0	2,8
	0,7	0,9	1,1	1,2	1,3	1,5	1,6	1,7	1,8	2,7
	0,5	0,8	0,9	1,1	1,2	1,3	1,5	1,6	1,7	2,5

Durch nächtliche Tauwasserbildung kann an der Außenseite der Verglasung Kondenswasser entstehen. Durch den Wandverbund bzw. die Wärmebrücke des Abstandhalters wird dieses Kondensat jedoch nicht bis an die Rahmenaußenkante geführt. Darüber hinaus ist festzuhalten, dass die Verglasungsfläche auf der nicht südorientierten Fläche so gering wie möglich gehalten werden sollte, um hier möglichst geringe Wärmeverluste für das Gebäude zu erzielen. Ebenso sollten großflächige Verglasungen ohne Heizkörpermöglichkeiten vermieden werden, da es zu unangenehmen Konvektionsluftströmungen kommen bzw. zu Überhitzung führen kann.

Sommerlicher Wärmeschutz

Durch die von der Architektur geforderten immer größer werdenden Fensterflächen in der Außenhülle und in Verbindung mit einer Leichtbauweise kommt dem sommerlichen Wärmeschutz in Gegenden mit hoher Globaleinstrahlungsrate immer mehr Bedeutung zu (Bd. 1: Bauphysik, Kapitel 010.4 [21]).

Beispiel 110.3-09: „Wärmefalle" [5]

1) Das kurzwellige Sonnenlicht trifft als direkte Sonnenstrahlung auf die Verglasung und wird zum größten Teil durchgelassen, teilweise reflektiert und zu einem geringen Teil absorbiert.
2) Die durchgelassene Sonnenstrahlung trifft im Raum auf ein nicht transparentes Bauteil. Von diesem wird ein Teil der Strahlung diffus reflektiert. Ein Großteil dient zur Aufheizung des Bauteils.
3) Die diffus reflektierte Sonnenstrahlung führt zur Aufheizung sämtlicher den Raum umschließenden nicht transparenten Bauteile. Diese geben nun langwellige Wärmestrahlung diffus ab.
4) Trifft diese Wärmestrahlung auf die Verglasung, so wird sie fast vollständig reflektiert, da Fensterglas nur im sichtbaren Strahlungsbereich durchlässig ist. Die eingestrahlte Sonnenenergie bleibt somit im Raum gefangen wie in einer Falle.

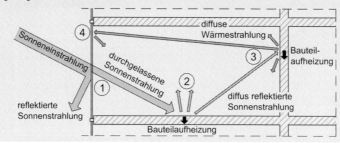

Beispiel 110.3-08 zeigt die auch in der Literatur als Wärmefalle beschriebene Situation der Aufheizung von Rauminnenflächen. Diese Raumaufheizung ist je nach Fassadenorientierung der Verglasungen unterschiedlich. Die ÖNORM B 8110-3 gibt für die unterschiedlichen Fassadenorientierungen wie auch Neigungen zur Vertikalen Abminderungs- bzw. Zuschlagfaktoren an. Für die Optimierung des sommerlichen Wärmeschutzes gibt es daher zwei Möglichkeiten:

- Verringerung der Immissionsfläche,
- Erhöhung der speicherwirksamen Massen.

Zur Verringerung der Immissionsfläche können einerseits geringere Fensterflächen vorgesehen werden, andererseits kann die bautechnisch ausgeführte Fensterfläche durch Abschattungsmaßnahmen bzw. durch Verbesserung der Verglasungseigenschaften (Gesamtenergiedurchlassgrad g) optimiert werden. Die Abschattung (Abschattungsfaktoren z) kann durch außen liegende oder innen liegende Bauteile erreicht werden, wobei außen liegende Abschattungen naturgemäß die weitaus höhere Effektivität aufweisen. Dies bedeutet jedoch auch, dass an heißen Sommertagen zur Erreichung des sommerlichen Wärmeschutzes der Sonnenschutz angebracht werden muss, was durchaus auch zu Beeinträchtigungen des Wohnraumgefühles führen kann.

110.3.6.2 SCHALLSCHUTZ

Der Schallschutz von Gebäuden hat speziell für den städtischen Bereich in den letzten Jahren massiv an Bedeutung gewonnen. Es wird bereits angenommen, dass für die Umweltbelastungen des Menschen der Lärm an erster Stelle steht. Gesundheitliche Schäden sind durch die Lärmbelastung nicht auszuschließen. Durch die niedrigen Grundgeräuschpegel im Gebäudeinneren wird der Lärmpegel noch zusätzlich als unangenehm empfunden. Demgemäß wird für eine schalltechnisch eher ungünstige Konstruktion wie dem Fenster die technische und konstruktive Ausbildung wesentlich.

Üblicherweise wird die resultierende Schalldämmung aus dem Zusammenspiel Wandkonstruktion und Fenster bestimmt. Diese Regel gilt für massive Wandkonstruktionen bzw. mit gewissen Einschränkungen auch für leichte Wandbauteile. So wie beim Wärmeschutz ist es auch für den Schallschutz sinnvoll, die Verglasungsflächen auf ein notwendiges Mindestmaß für die Belichtung und Belüftung zu begrenzen, wobei jedoch die moderne Architektur hier einen gegenteiligen Trend vorgibt. In Bauordnungen sind die Anforderungen an das Fenster wie auch an das resultierende Schalldämm-Maß der Außenwand bzw. des Außenbauteiles $R_{w,res}$ festgelegt. Der Schalldämmwert von Fenster und Fenstertüren ist im Wesentlichen abhängig

- von der Art und der Dicke der Verglasung,
- vom Rahmenmaterial,
- von der Fensterkonstruktion,
- von den vorgesehenen Fensterbeschlägen,
- von der Dichtung zwischen Flügel und Stock,
- vom Stock und Rohbau.

Schalltechnische Verbesserungen sind sowohl durch die Wahl von Glasqualität und Glasdicke, in der Anzahl und der Anordnung der Verglasungsebenen wie auch im Anschlussbereich möglich. Verbesserungskriterien sind hohes Glasgewicht, großer Scheibenabstand und spezielle Anschlagdichtung zur Verringerung der Luftdurchlässigkeit. Die Rahmenwerkstoffe können auf die schalltechnischen Eigenschaften der Fenster durchaus großen Einfluss ausüben. Speziell leichte Hohlkammerprofile neigen zu ungünstigen schalltechnischen Werten. Dazu zählen Kunststoff- wie auch Aluminiumfensterprofile. Eine Verbesserung kann durch Einführung von Masseteilen an der Konstruktion bzw. durch Vorsatzschalen erzielt werden. Abbildung 110.3-16 zeigt die Verbesserung eines Kunststofffensterprofils durch eine Aluminiumvorsatzschale.

Abbildung 110.3-16: Schallschutzverbesserung durch Vorsatzschale [105]

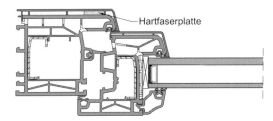

Wie auch für den Wärmeschutz stellen die Eigenschaften der Verglasung den größten Einfluss auf das Schalldämm-Maß von Fenstern dar.

Einscheibenverglasung

Die Schalldämmung einer Einscheibenverglasung hängt fast ausschließlich von der Dicke der Verglasung und vom Schalleinfallswinkel ab. Bei einer von der Flächennormalen abweichenden Schalleinfallsrichtung sinkt der Schalldämmwert bereits massiv ab. Im höheren Frequenzbereich kommt es hier zu verschiedenen physikalischen Effekten, die ein Absinken um bis zu 10 dB erzielen. Für die Praxis bedeutet dies, dass bei häufig schräg gerichtetem Schalleinfall das am Bau gemessene bewertete Schalldämm-Maß um bis zu 5 dB unter dem Wert eines vergleichbaren Prüfzeugnis liegen kann.

Abbildung 110.3-17: Geprüfte Schalldämm-Maße bei unterschiedlichen Einfallwinkeln [5]

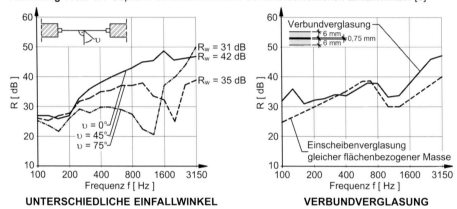

UNTERSCHIEDLICHE EINFALLWINKEL   **VERBUNDVERGLASUNG**

Verbundverglasungen

Eine wesentliche Verbesserung des Schalldämmwertes kann bei Einscheibenverglasungen durch Einsatz einer Verbundverglasung erreicht werden. Der erzielte Effekt des Verbundes von zwei Glasscheiben im Vergleich zu anderen Maßnahmen ist jedoch eher gering anzusetzen. Eine Einscheibenverbundverglasung wirkt dabei deutlich besser als eine vergleichsweise dicke Scheibe berechnet nach der Masseformel.

Abbildung 110.3-18: Bewertete Schalldämm-Maße von Ein- und Zweischeibenverglasungen [5]

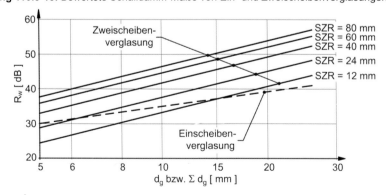

Isolierverglasungen

Aufgrund der Anforderungen an den Wärmeschutz werden praktisch nur Zwei- und Dreischeibenisolierverglasungen für Hochbauten angewendet. Das Verhalten einer Zweischeibenisolierverglasung weicht dabei deutlich von einer einschaligen Scheibe ab. Ein Vergleich dieser beiden Effekte am Beispiel einer 8 mm Einscheibenverglasung zu einer Isolierverglasung 4/12/4 [mm] wird in Abb. 110.3-18 deutlich. Hier zeigt sich, dass bei Scheibenzwischenräumen unter 12 mm in einem weiten Frequenzbereich von 100 Hz bis etwa 1000 Hz eine deutliche Verschlechterung der schalldämmenden Eigenschaften vorhanden ist und erst ab 24 mm Verbesserungen eintreten. Zur Vermeidung schalltechnisch ungewünschter Effekte sollten bei Zweischeibenverglasungen grundsätzlich unterschiedlich dicke Gläser angeordnet werden. Die Verwendung von unterschiedlichen Scheibendicken verhindert Resonanzerscheinungen, die aufgrund des symmetrischen doppelschaligen Aufbaus entstehen. Zusätzlich dazu können auch die Resonanzen durch Randdämpfung der Isolierglasscheiben verbessert werden.

Die Resonanzen des Raumes zwischen den Isolierglasscheiben können auch durch Gasfüllungen gedämpft werden wie mit dem sehr häufig eingesetzten schweren Gas Hexafluorid SF_6. Mit einem SF_6-gefüllten Isolierglas sind Verbesserungen von bis zu 20 dB erreichbar. Aufgrund der Körperschallübertragung des Randverbundes, ähnlich wie beim Wärmeschutz, verschlechtert sich jedoch die schalldämmende Wirkung der Verglasungen, so dass letztendgültig ein ΔR_w von < 7 dB erreicht wird. Zur Vermeidung der Körperschallübertragung gilt ähnlich wie im Massivbau, dass durch den Einsatz von höheren Massen speziell im Randverbund wie auch bei den Rahmenwerkstoffen deutliche Verbesserungen erzielt werden können. Sehr hochwertige Schallschutzfenster mit Zweischeibenisolierverglasung in Verbundanordnung und einer SF_6-Gasfüllung können ein Schalldämm-Maß von $R_w > 50$ dB erreichen. Durch eine Dreischeibenverglasung anstelle einer Zweischeibenverglasung ist in der Regel keine weitere Verbesserung des Schallschutzes erreichbar, da die Körperschallübertragung über den Randverbund gleich bleibt und zwei dünnere Scheibenzwischenräume ein ungünstigeres Resonanzverhalten aufweisen.

$$R_{w,F,erf} = R_{w,AW} - 10 \lg \left[1 + \frac{S_g}{S_F} \cdot \left(10^{\frac{R_{w,AW} - R_{res,w}}{10}} - 1 \right) \right] \quad (110.3\text{-}10)$$

$R_{w,F,erf}$	erforderliches bewertetes Schalldämm-Maß	[dB]
$R_{w,AW}$	bewertetes Schalldämm-Maß des Außenbauteils	[dB]
$R_{res,w}$	bewertetes resultierendes Schalldämm-Maß	[dB]
S_g	gesamte raumseitige Außenbauteilfläche inkl. Fenster und Türen	[m²]
S_F	Fläche der Fenster und Türen	[m²]

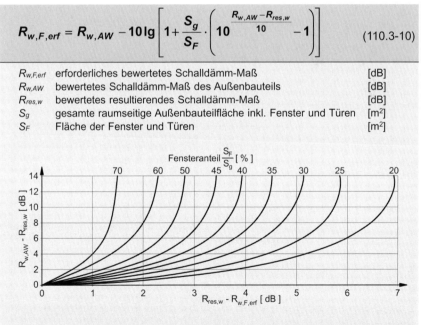

Anmerkung: Indizes Schallschutz abweichend von Festlegungen Wärmeschutz (nach ÖNORM B 8115-4 [82])

Tabelle 110.3-14: Schalldämm-Maße in Abhängigkeit der Konstruktionsart des Fensters und der Verglasung – DIN 4109 [52]

R_w	Fenstertyp	Falzdichtung	Bild	Abmessung/Anforderung
25 dB	Einfachfenster	–		$\Sigma d_g \geq 6$ mm SZR ≥ 8 mm oder Isolierglas mit $R_{w,g} \geq 27$ dB
25 dB	Verbundfenster	–		$\Sigma d_g \geq 6$ mm SZR beliebig
30 dB	Einfachfenster	1		$\Sigma d_g \geq 6$ mm SZR ≥ 12 mm oder Isolierglas mit $R_{w,g} \geq 30$ dB
30 dB	Verbundfenster	1		$\Sigma d_g \geq 6$ mm SZR ≥ 30 mm
30 dB	Kastenfenster	–		beliebig
35 dB	Einfachfenster	1		$\Sigma d_g \geq 10$ mm SZR ≥ 16 mm oder Isolierglas mit $R_{w,g} \geq 35$ dB
35 dB	Verbundfenster	1		$\Sigma d_g \geq 8$ mm SZR ≥ 40 mm
35 dB	Verbundfenster	1		4/12/4 – 6 SZR ≥ 40 mm
35 dB	Kastenfenster	1		beliebig
40 dB	Einfachfenster	2		Isolierglas mit $R_{w,g} \geq 42$ dB
40 dB	Verbundfenster	2		6/12/4 – 8 SZR ≥ 50 mm
40 dB	Kastenfenster	2		4/12/4 – 6 SZR ≥ 100 mm
45 dB	Verbundfenster	2		6/12/4 – 8 SZR ≥ 100 mm
45 dB	Kastenfenster	2		8/12/4 – 8 SZR ≥ 60 mm

Da für die Erfüllung der baurechtlichen Anforderungen der Schallschutz der Außenwand nachzuweisen ist und sich Außenwände üblicherweise aus Wand- und Fensterflächen zusammensetzen, ist das resultierende Luftschalldämm-Maß $R_{res,w}$ über die beiden Flächenanteile zu ermitteln (siehe Bd. 1: Bauphysik, Kap. 010.5 [21]). Darauf aufbauend gibt die ÖNORM B 8115-4 [82] eine Formel zur Ermittlung des erforderlichen Schalldämm-Maßes in Abhängigkeit des geforderten resultierenden Schalldämmmaßes, des bewerteten Schalldämmaßes des Außenbauteiles und des Flächenverhältnisses an.

Bei Ausführung von luftdichten Bauanschlussfugen, einer elastischen Abdichtung der Fuge zwischen dem Rahmen (Stock) und dem Flügelprofil sowie mindestens zwei Dichtungsebenen ab Schalldämmwerten über 40 dB können nach ÖNORM B 8115-4 die nachfolgenden Richtwerte für Fenster und Fenstertüren angenommen werden.

Tabelle 110.3-15: Richtwerte für den Schallschutz von Einfachfenstern mit Zweifach-Isolierglas [82]

Dicke der Scheiben [mm]	Bewertetes Schalldämm-Maß R_w [dB] bei Scheibenabständen [mm] von					
	≤ 12 mm		≥ 15 mm			
	Zweifach-Isolierglas		Zweifach-Isolierglas		Zweifach-Isolierglas mit Verbundscheibe	
	R_w	$R_w + C_{tr}$	R_w	$R_w + C_{tr}$	R_w	$R_w + C_{tr}$
4 + 4	31	26	33	28	–	–
4 + 6	33	28	35	30	–	–
4 + 8	34	29	36	31	38	33
4 + 10 (6 + 8) (6 + 10)	35	30	37	32	39	34

Tabelle 110.3-16: Richtwerte für den Schallschutz von Einfachfenstern mit Dreifach-Isolierglas [82]

Anzahl der Scheiben	Dicke [mm]	Bewertetes Schalldämm-Maß R_w [dB]	$R_w + C_{tr}$ [dB]
1 Scheibe	10	40	35
2 Scheiben	4 oder 5	40	35
3 Scheiben	4 oder 5	35	30

Tabelle 110.3-17: Richtwerte für den Schallschutz von Verbundfenstern [82]

Gesamt-glasdicke [mm]	Bewertetes Schalldämm-Maß R_w [dB] bei Scheibenabständen [mm] von									
	25–39		40–49		50–59		60–69		70–79	
	R_w	$R_w + C_{tr}$	R_w	$R_w + C_{tr}$	R_w	$R_w + C_{tr}$	R_w	$R_w + C_{tr}$	R_w	$R_w + C_{tr}$
8	35	29	37	31	39	33	41	35	43	37
10	37	31	39	33	41	35	42	36	43	37
12	38	32	40	34	42	36	43	37	44	38
14	40	34	41	35	43	37	44	38	44	38
16	41	35	42	36	44	38	45	39	45	39
18	42	36	43	37	45	39	46	40	46	40
20	43	37	45	39	46	40	47	41	47	41
22	44	38	46	40	47	41	47	41	47	41

Tabelle 110.3-18: Richtwerte für den Schallschutz von Kastenfenstern [82]

Dicke der Scheiben		Bewertetes Schalldämm-Maß R_w [dB] bei Scheibenabständen [mm] von				
[mm]	[mm]	80	100	125	150	200
4	4	44	46	47	49	50
4	6	46	47	49	51	52
4	8	47	49	50	52	53
4	10	48	50	51	53	54
6	6	48	49	51	53	54
6	8	49	50	52	54	55
6	10	50	52	53	55	56
8	8	50	52	53	55	56
8	10	51	53	54	56	57
10	10	52	54	55	57	58

Speziell im Bereich der Bauanschlussfuge ist auf eine schalltechnisch richtige Ausführung zu achten, um Schallbrücken in diesen Bereichen zu vermeiden. Grundsätzlich sollte bei erhöhten Anforderungen an den Schallschutz immer eine entsprechend elastische Fugenausbildung erfolgen. Ein weiterer Grundsatz für die Ausführung eines schalldämmend wirksamen Fensters ist die Luftdichtheit. Sie wird maßgeblich beeinflusst von der Ausbildung der Fugen, der Verschlusstechnik und den Zusatzbauteilen (Lüftungselemente, Rollladenkästen etc.).

Dies führt in der weiteren Folge auch dazu, dass gewisse Fensterkonstruktionen als schalltechnisch problematisch gelten. Dazu zählt beispielsweise das Stulpfenster, das aufgrund der Ausbildung der mittleren Dichtung im Überschlagsbereich nicht die hohen schalltechnischen Anforderungen erzielt wie beispielsweise ein konventionelles Fenster. Darüber hinaus muss die konstruktive Ausbildung des Fensters auch ein Mehrfachdichtsystem erlauben. Üblicherweise werden drei Dichtebenen vorgesehen.

110.3.6.3 BRANDSCHUTZ

Der Brandschutz des Gebäudes steht bei den sicherheitstechnischen Betrachtungen im Rahmen der Baugesetzgebung im Vordergrund. Speziell die Gefahr des Brandüberschlages über eine Geschoßebene aber auch der seitliche Brandangriff (unter Einwirkung von Wind) müssen bedacht werden. Die brandschutztechnischen Eigenschaften der Fensterwerkstoffe können ähnlich wie im Türbau behandelt werden (siehe Bd. 12: Türen und Tore [22]).

Stahlprofile werden in gedämmter Ausführung je nach Dichtungskonstruktion am häufigsten verwendet. Bei den organischen Werkstoffen steht das Rahmenmaterial Holz im Vordergrund. Dieses kann dem Feuer wesentlich länger als Kunststoff-Materialien standhalten und entwickelt dabei auch wesentlich weniger Qualm. Während Thermoplaste bereits bei 110 bis 130°C ihre Festigkeit verlieren, können Holzfenster Temperaturen von über 200°C standhalten.

110.3.6.4 FEUCHTIGKEITSSCHUTZ

Jede Fensterkonstruktion weist Wärmebrücken auf, die mehr oder weniger stark ausgeprägt sind und bei Unterschreiten der Taupunkttemperatur (siehe Bd. 1: Bauphysik, Kap. 010.3 [21]) auch zu Kondensatbildungen führen können. Der Wassergehalt der Luft hängt dabei von der Lufttemperatur und der relativen Luftfeuchtigkeit ab. Unterschreitet die Oberflächentemperatur eines Bauteiles jenen Wert für eine relative Luftfeuchtigkeit von 100%, so spricht man von der kritischen Oberflächentemperatur für Kondensatbildung. Die Basis für nationale Vorgaben an das Innenraumklima ist die EN ISO 13788 [97], die Luftfeuchtigkeitsklassen in Abhängigkeit von der Nutzung vorgibt. Anhand eines Schaubildes können die Klassen abhängig von der Außentemperatur und der Dampfdruckdifferenz Δp [Pa] bzw. des Wasserdampfgehaltes Δv [g/m²] eingestuft werden.

Tabelle 110.3-19: Raumseitige Luftfeuchtigkeitsklassen – EN ISO 13788 [97]

Luftfeuchtig-keitsklasse	Gebäudenutzung
1	Lager
2	Büros, Geschäfte
3	Wohnhäuser mit geringer Belegung
4	Wohnhäuser mit hoher Belegung, Sporthallen, Küchen, Kantinen, Gebäude mit Gasöfen ohne Schornsteinanschluss
5	Besondere Gebäude (z.B. Wäschereien, Brauereien, Schwimmbäder)

Bauphysik

Tabelle 110.3-20: Wasserdampfgehalt [g/m³] der Luft abhängig von der relativen Luftfeuchtigkeit

Lufttemperatur [°C]	relative Luftfeuchtigkeit									
	100%	90%	80%	70%	60%	50%	40%	30%	20%	10%
20	17,29	15,56	13,83	12,10	10,37	8,65	6,92	5,19	3,46	1,73
18	15,37	13,83	12,30	10,76	9,22	7,69	6,15	4,61	3,07	1,54
16	13,63	12,27	10,90	9,54	8,18	6,82	5,45	4,09	2,73	1,36
14	12,07	10,86	9,66	8,45	7,24	6,04	4,83	3,62	2,41	1,21
12	10,67	9,60	8,54	7,47	6,40	5,34	4,27	3,20	2,13	1,07
10	9,41	8,47	7,53	6,59	5,65	4,71	3,76	2,82	1,88	0,94
8	8,28	7,45	6,62	5,80	4,97	4,14	3,31	2,48	1,66	0,83
6	7,26	6,53	5,81	5,08	4,36	3,63	2,90	2,18	1,45	0,73
4	6,36	5,72	5,09	4,45	3,82	3,18	2,54	1,91	1,27	0,64
2	5,56	5,00	4,45	3,89	3,34	2,78	2,22	1,67	1,11	0,56
0	4,85	4,37	3,88	3,40	2,91	2,43	1,94	1,46	0,97	0,49
-2	4,14	3,73	3,31	2,90	2,48	2,07	1,66	1,24	0,83	0,41
-4	3,52	3,17	2,82	2,46	2,11	1,76	1,41	1,06	0,70	0,35
-6	2,99	2,69	2,39	2,09	1,79	1,50	1,20	0,90	0,60	0,30
-8	2,53	2,28	2,02	1,77	1,52	1,27	1,01	0,76	0,51	0,25
-10	2,14	1,93	1,71	1,50	1,28	1,07	0,86	0,64	0,43	0,21
-12	1,80	1,62	1,44	1,26	1,08	0,90	0,72	0,54	0,36	0,18
-14	1,52	1,37	1,22	1,06	0,91	0,76	0,61	0,46	0,30	0,15
-16	1,27	1,14	1,02	0,89	0,76	0,64	0,51	0,38	0,25	0,13
-18	1,07	0,96	0,86	0,75	0,64	0,54	0,43	0,32	0,21	0,11
-20	0,88	0,79	0,70	0,62	0,53	0,44	0,35	0,26	0,18	0,09

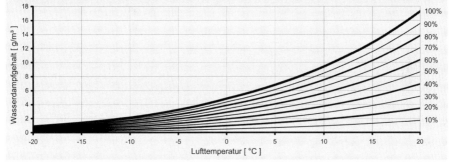

In der ÖNORM B 8110-2 [81] werden auf Basis der EN ISO 13788 [97] bei der Berechnung von Taupunkten Bedingungen vorgegeben. Die durch die Raumwidmung bestimmten Innenluftbedingungen sind bei der Planung festzulegen und der feuchtigkeitstechnischen Bemessung zu Grunde zu legen. Für Wohnräume und Räume mit ähnlicher Nutzung werden bei einer Innenraumtemperatur von 20°C unterschiedliche Bedingungen für Kondensat- und Schimmelbildung gestellt, die in Bd. 1: Bauphysik [21], Kap. 010.3 näher erläutert sind.

Abbildung 110.3-19: Relative Luftfeuchtigkeiten gemäß ÖNORM B 8110-2 [81]

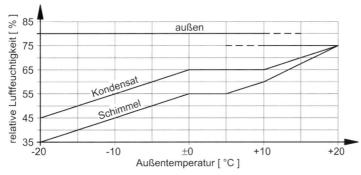

Damit ist nach ÖNORM EN ISO 13788 gesichert, dass bei den im größeren Teil der Zeit herrschenden Innenluftbedingungen das Risiko der Schimmelbildung und bei den

fallweise höheren Luftfeuchtigkeiten jedenfalls Kondenswasserbildung vermieden wird. Es wird empfohlen sicherzustellen, dass durch Maßnahmen zur Austrocknung der Baufeuchtigkeit (vor dem Bezug der Wohnungen) sowie durch Einrichtung entsprechender Möglichkeiten des Luftaustausches und ausreichende Information der Wohnungsnutzer die vorgenannten Bedingungen in Wohnungen eingehalten werden. Speziell bei Wärmebrückenproblemen an den Umfassungsbauteilen kann sich auch eine Nachtabsenkung der Heizung, die plötzlich zu einem Abfall der Temperatur und damit zu einem Anstieg der relativen Luftfeuchtigkeit führt, negativ auswirken. Bei längerer Feuchtigkeitseinwirkung kann sogar Pilzbefall auf Bauteiloberflächen bestehen.

Schädlicher Kondensatbefall

Unter schädlichem Kondensatbefall wird jene Menge verstanden, die zu einer starken Schädigung der Fensterkonstruktion, der Bauteile oder auch der Nutzung führt. Bilder 110.3-06 und 07 zeigen ein Fenster mit einer ungünstigen wärmetechnischen Ausbildung im Kondensatprüfstand. Bei diesem Kondensatprüfstand wird ein Fenster in einer hochwärmedämmenden Ebene eingebaut, beidseitig mit unterschiedlichen Temperaturen und Luftfeuchtigkeiten beaufschlagt und kann hinsichtlich seiner konstruktiven und bauphysikalischen Eigenschaften optimiert werden. Mithilfe von Finiten-Elementen können die konstruktionsbedingten Oberflächentemperaturen einer Fensterkonstruktion berechnet werden. Nicht enthalten in diesen Berechnungen ist jedoch üblicherweise der teilweise aufgrund von geforderten Zusatzfunktionen der Fenster hohe Beschlagsanteil aus wärmetechnisch ungünstigem Metall. Diese Beschlagsanteile stellen teilweise massive Wärmebrücken dar, da die Metalle der Beschlagsteile eine sehr hohe Wärmeleitfähigkeit aufweisen.

Schwachstelle des Fensters hinsichtlich Kondensatbildung sind der Fensterstock und der Anschluss an die Leibung, diverse konstruktive Beschlagsteile sowie der Randverbund bei Isoliergläsern. Zusätzlich dazu neigen auch Verbundglaskonstruktionen zu Kondensatproblemen, wenn die innere Dichtebene nicht ordnungsgemäß ausgeführt wurde.

Kondensationsschutz des Fensteranschlusses

Der Anschluss des Fensterstockes an die Fensterleibung muss sorgfältig hinsichtlich kritischer Wärmebrücken ausgebildet werden. Die Fuge zwischen Rohbau und Fensterstock sollte weitestgehend mit Dämmstoff abgedeckt bzw. ausgefüllt werden, siehe Einbaubeispiele in Kapitel 110.5.

Kondensationsschutz im Bereich von Isolierverglasungen

Die Schwachstelle des Isolierglasfensters stellt der Randverbund der beiden Isolierglasscheiben dar. In einfachen Konstruktionen wird dieser Randverbund mit einem Aluminiumprofil hergestellt. Dieses Aluminiumprofil stellt aufgrund der günstigen bzw. hohen Wärmeleitfähigkeit jedoch eine massive Wärmebrücke dar.

Es kann zu einem Absinken der Oberflächentemperatur an der inneren Isolierglasscheibe im Bereich dieses Randverbundes kommen und bei Unterschreiten der Kondensat-Grenztemperatur zu Kondensatbildung. Bei üblichen Raumklimaten von 22°C und etwa 60% relativer Luftfeuchte tritt ab einer Temperatur von ~14°C bereits Kondensat auf. Verstärkt wird dieser Effekt durch eine schlechtere Durchwärmung des Glasrandes aufgrund einer geringeren Konvektion bedingt durch den Rücksprung der Glasleisten gegenüber der Flügelebene. Die Bemessungstemperaturen für Fensterkonstruktionen stellen Richtwerte dar, wobei örtlich und zeitlich begrenzt aufgrund von Nutzungsbedingungen mit geringfügigem Kondensatbefall gerechnet werden muss.

Kondensat an der Außenseite von Verglasungen

Der Effekt des Beschlagens der Scheiben auf der Außenseite, also auf der der Witterung ausgesetzten Seite des Isolierglases, tritt in der Regel bei hochwärmedämmenden Gläsern auf. Gute Wärmedämmgläser haben die wärmereflektierende Schicht auf der raumseitigen Scheibe. Das heißt, die Wärmestrahlung aus dem Zimmer wird wieder in den Raum zurückgeworfen. Dadurch dient die Scheibe der Wärmedämmung. Gleichzeitig gelangt aber kaum Wärme an die äußere Scheibe. Die äußere Oberflächentemperatur dieses Glases sinkt dann ab. Unter bestimmten Witterungsverhältnissen kann die Oberflächentemperatur der Scheibe unter die Taupunkttemperatur der Umgebung absinken, und es entsteht Tauwasser (Ein ähnlicher Effekt entsteht, wenn man mit der kalten Brille im Winter in die Wohnung tritt. Die Brillengläser sind abgekühlt und treffen auf relativ feuchte Raumluft. Es kommt zu Kondensat auf den Brillengläsern.). Der Beschlag tritt meist in den frühen Morgenstunden auf und verschwindet nach dem Erwärmen der Luft wieder. Oft zeigt sich ein tauwasserfreier Streifen im Randbereich. Dieser Streifen ergibt sich dadurch, dass im Randbereich eine verstärkte Wärmeleitung durch das Glas zustande kommt und somit hier auch außen die Oberflächentemperatur höher ist. Tauwasserbildung auf den Außenflächen kann als Beanstandungskriterium nicht anerkannt werden, da es sich um einen physikalischen Effekt handelt, der gerade bei guten Wärmedämmgläsern entsteht und letztlich ein Beweis für die gute Wärmedämmung des Glases ist. Abhilfe ist über einen Rollladen möglich, der außen einen zusätzlichen Schutz bietet und die Scheibenoberfläche außen vor Abkühlung schützt. Wird der Rollladen nachts heruntergelassen, bildet sich ein Luftpolster zwischen Scheibe und Rollladenlamellen. Dieses Luftpolster speichert die Wärme, so dass die Scheibe nicht anlaufen kann.

110.3.7 STATIK

Für die Bemessung von Fenstern sind hauptsächlich die Windbeanspruchung und die Aufnahme des Eigengewichtes maßgebend. Hinsichtlich der Windbeanspruchung ist die Maximalverformung des Rahmens von L/300 (Klasse C laut Tabelle 110.3-03: Klassifizierung der relativen frontalen Durchbiegung – ÖNORM EN 12210) bzw. die größte Einzelverformung pro Scheibe von 8 mm ein Dimensionierungskriterium.

Abbildung 110.3-20: Grenzwerte der Rahmendurchbiegung, Beanspruchungsklassen

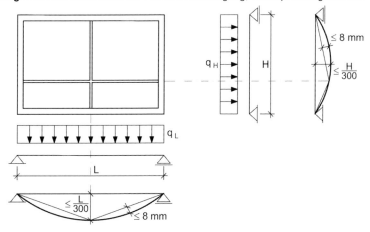

Das Eigengewicht der Fenster resultiert zu einem großen Teil aus dem Gewicht der Glasscheiben mit einer Dichte von 2500 kg/m³. Die optische Veranschaulichung von Formel (110.3-11) ist in der Darstellung der „Glas-Gewichtsharfe" gegeben.

$$G_g = A_g \cdot t \cdot \gamma_g / 1000 \tag{110.3-11}$$

G_g	Glasgewicht	[kN]
A_g	Glasfläche	[m²]
t	Summe der Scheibendicken	[mm]
γ_g	Wichte Glas = 25 kN/m³	[kN/m³]

Abbildung 110.3-21: Glas-Gewichtsharfe

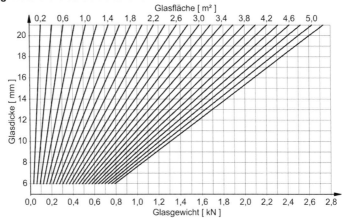

110.3.7.1 MECHANISCHE BEANSPRUCHUNG

Die größte mechanische Beanspruchung von Fensterkonstruktionen entsteht durch die Benutzung, d.h. durch das Öffnen und Schließen. Die Anforderung an Klasse 2 geht daher von 10.000 Zyklen der Bedienung aus, nach denen das Fenster keine Beschädigungen oder Verformungen, keine Lockerung der Beschläge, der Schließvorrichtungen oder ihrer Anschlüsse, der Fugen oder Dichtungssysteme, der aufschäumenden Dichtungen oder Rauchschutzvorrichtung aufweisen darf, wodurch der vorgesehene Gebrauch nicht möglich ist. Speziell bei Türen (auch Fenstertüren) kann eine Klassifizierung bis Klasse 8 mit 1.000.000 Zyklen erfolgen (siehe Bd. 12: Türen und Tore [22]).

Tabelle 110.3-21: Fensterklassifizierung mechanische Beanspruchung – ÖNORM EN 12400 [93]

Klasse	Anzahl der Zyklen	Beanspruchung
0	–	–
1	5000	leicht
2	10000	mittel
3	20000	stark

110.3.7.2 FESTIGKEIT

Die Forderungen einer ausreichenden Festigkeit gemäß ÖNORM EN 13115 [95] mit einer Verschiebung der Klasse 2 (entspricht einer Vertikallast von 400 N geprüft nach ÖNORM EN 947 [83]) und einer statischen Verwindung der Klasse 2 (entspricht einer Horizontalkraft von 250 N geprüft nach ÖNORM EN 948 [84]) setzen nach der

Beanspruchung noch eine ungehinderte und bestimmungsgemäße Verwendung des Fensters voraus. Das Fenster darf dabei nicht beschädigt oder bleibend verformt werden, Beschläge dürfen sich nicht lockern oder Fugen- und Dichtungssysteme sich lösen (Bilder 110.3-12 bis 14).

Tabelle 110.3-22: Fensterklassifizierung Vertikallasten und statische Verwindung – ÖNORM EN 13115 [95]

Widerstand gegen	Klasse 0	Klasse 1	Klasse 2	Klasse 3	Klasse 4
Vertikallasten	–	200 N	400 N	600 N	800 N
Statische Verwindung	–	200 N	250 N	300 N	350 N

Abbildung 110.3-22: Kraftaufbringung für Vertikallasten und statische Verwindung

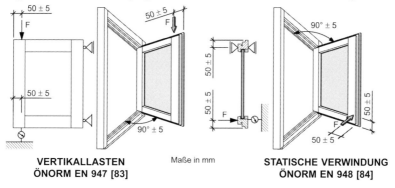

VERTIKALLASTEN
ÖNORM EN 947 [83]

Maße in mm

STATISCHE VERWINDUNG
ÖNORM EN 948 [84]

110.3.7.3 BEDIENKRÄFTE

Die Bedienkräfte für Fenster setzen sich aus dem notwendigen Schließmoment für die Verriegelung sowie den Kräften für die Bewegung der Flügel und/oder der Elemente zusammen. Die Klassifizierung erfolgt gemäß ÖNORM EN 13115 [95], wobei folgende Kennwerte ermittelt werden:

- das statische Mindestdrehmoment, das erforderlich ist, um die Beschläge freizugeben bzw. zu verriegeln;
- die statische Mindestkraft, die für die Einleitung der Öffnungsbewegung erforderlich ist;
- die Kraft, die für das vollständige Schließen des Flügelrahmens bzw. des Schiebeflügels erforderlich ist.

Tabelle 110.3-23: Fensterklassifizierung Bedienkräfte – ÖNORM EN 13115 [95]

Widerstand gegen Bedienkräfte	Klasse 0	Klasse 1	Klasse 2
Schiebe- oder Flügelfenster	–	100 N	30 N
Beschlag – Hebelgriff handbetätigt	–	100 N oder 10 Nm	30 N oder 5 Nm
Beschlag – fingerbetätigt	–	50 N oder 5 Nm	20 N oder 2 Nm

Speziell für eine barrierefreie Ausführung von Wohnungen und Arbeitsstätten sollte gemäß ÖNORM B 1600 [62] der maximale Kraftaufwand sowohl zum Bedienen des Fensterflügels beim Angriffspunkt (z.B. Hebelgriff) als auch zum Öffnen und Schließen einen Kraftaufwand bis maximal 60 N oder 6 Nm nicht überschreiten. Entsprechend der Fensterkonstruktion in Verbindung mit der Parapethöhe sollte die Anbringung der Fenstergriffe auf einer Höhe bis maximal 120 cm über Fußbodenoberkante erfolgen (Bild 110.3-11).

110.3.8 SONDERFUNKTIONEN

Unter Sonderfunktionen von Fenstern werden Eigenschaften des Fensters, die über die Belichtung und Belüftung hinausgehen, verstanden. Als Beispiel dazu sind der Schutz vor Lawinen, die Schusssicherheit und die Selbstreinigung angeführt.

110.3.8.1 LAWINENSCHUTZFENSTER

Der Ruf nach Lawinenschutzfenstern wird nach jedem größeren Lawinenabgang laut, worauf die Industrie mit hochfesten Fensterkonstruktionen, die auch dynamischen Schlagbelastungen Stand halten, reagiert hat. Speziell der Angriff von Staublawinen kann erfolgreich abgewehrt und damit in den inneralpinen Tälern eine erhöhte Sicherheit für die Bewohner erreicht werden. Die Prüfung für Lawinenschutzfenster und Fenstertüren erfolgt gemäß ÖNORM B 5302 [71], die Klassifizierung gemäß ÖNORM B 5301 [70].

Für den Lawinenschutz sind vier Belastungsklassen definiert. Die Auswahl der jeweiligen Belastungsklasse erfolgt aufgrund eines Gutachtens des Amtsachverständigen für Wildbach- und Lawinenverbauung, der die erforderlichen Belastungen aufgrund der zu erwartenden Lawineneinwirkungen für das jeweilige Objekt im Rahmen des Bauverfahrens definiert. Die Anforderungen der Prüfung beziehen sich auf die Ableitung der jeweiligen Belastung vom Glas bis zum Anschluss des Lawinenschutzelementes an das Bauwerk.

Tabelle 110.3-24: Klassifizierung Lawinenschutzfenster – ÖNORM B 5301 [70]

Lawinengefahrenzone	Belastungsklasse	Belastung $[kN/m^2]$	
		statisch	dynamisch
Gelbe Zone	LS 5	5,0	10,0
	LS 10	10,0	20,0
Rote Zone	LS 15	15,0	30,0
	LS 20	20,0	40,0

Die Prüfung der Lawinenschutzfenster gliedert sich in drei Abschnitte:

(1) *Dynamische Flächenbelastung:* Dabei wird der erste Druckstoß simuliert, der durch das erste Auftreffen der Lawine bzw. der durch sie erzeugten Luftdruckwelle am Objekt erzeugt wird. Die Durchführung erfolgt durch einen Fallversuch (mit einer aufgelegten Druckverteilungsplatte) auf den horizontal in einem Stahlrahmen gelagerten Prüfkörper mittels mit Kork- und Metallschrot gefüllten Lederbällen, deren Masse (5 bis 17 kg) und eine genau definierte Fallhöhe (2,70 m bis über 6,30 m) von der Füllungsfläche des Lawinenschutzelementes entsprechend der geforderten Belastungsklasse abhängig ist. Es darf sich keine Öffnung bilden, durch welche ein definierter Prüfstab hindurchpasst.

(2) *Dynamische Punktbelastung:* Hierbei wird der Aufprall von Festkörpern, welche durch die Lawine mitgerissen werden, simuliert. Eine Stahlkugel mit einem Durchmesser von 100 mm und einer Masse von 4,11 kg trifft auf die sicherheitstechnisch relevanten Punkte aus definierten Fallhöhen auf den horizontal in einem Stahlrahmen gelagerten Prüfkörper. Dabei darf sich wieder keine Öffnung jedweder Art bilden, durch welche sich der Prüfstab hindurchschieben lässt.

(3) *Statische Flächenbelastung:* Diese Belastung simuliert den am Objekt entstehenden sich aufstauenden bzw. durch die vorbeifließenden Schneemassen entstehenden Druck. Mittels Hydraulikzylinder ist die geforderte Prüfkraft auf eine lastverteilende Platte innerhalb von 60 Sekunden aufzubringen und für weitere 60 Sekunden konstant zu halten. Danach darf sich unter Beibehaltung der Last wieder keine Öffnung bilden.

Abbildung 110.3-23: Kennzeichnung Lawinenschutzfenster – ÖNORM B 5301 [70]

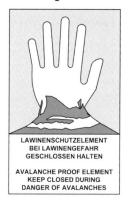

Im Prüfbericht werden sämtliche Leistungsmerkmale detailliert angeführt. Dies sind unter anderem Klassenbezeichnungen, Bauart, Materialkennzeichen, detaillierte Pläne, Stücklisten, Montage- Einbau- und Wartungsanleitungen (z.B.: welche Firmen berechtigt sind, Reparaturen durchzuführen etc.), Zustandsbericht des Probekörpers vor und nach der Prüfung etc. Der Austausch von Beschlagteilen oder Ausführungsvarianten darf nur nach gutachterlichter Stellungnahme der Prüfstelle bzw. nur mit zusätzlicher Prüfung vorgenommen werden. Ein wesentliches Merkmal des Lawinenschutzelement-Prüfverfahrens ist die Verpflichtung des Herstellers, nach erfolgter Erstprüfung einen Überwachungsvertrag abzuschließen, der eine genau vorgeschriebene Eigenüberwachung des Herstellers und eine regelmäßige Fremd- und Produktionskontrolle durch die Prüfstelle vorsieht. Lawinenschutzfenster müssen dauerhaft als solche gekennzeichnet werden.

110.3.8.2 SCHUSSSICHERHEIT

Die Schusssicherheit von Fenstern wird durch Einbau spezieller Verglasungstypen erreicht. Diese Verglasungen werden durch mehrlagige Verbundgläser bzw. Kombinationen von Verbundgläsern mit einer Art Isolierglas erreicht. Der Scheibenzwischenraum dient dabei als Expansionsraum für das eindringende Projektil und zur Vermeidung gefährlicher Splitterbildung an der Innenseite (Austrittseite des Projektils). Verbundgläser für schusssichere Verglasungen werden nach ÖNORM EN 1063 [87] geprüft und Fensterkonstruktionen nach ÖNORM EN 1522 [89] für unterschiedliche Beschussarten klassifiziert. In den jeweiligen Klassen darf einerseits eine Durchdringung des Geschosses durch das Glas oder den Rahmen nicht stattfinden, andererseits ist für das Glas eine Beurteilung der Perforation des Splitterindikators ein zusätzliches Kriterium, das mit den Zusatzbezeichnungen „S" = splitternd (Splitterindikator durchörtert) oder „NS" = nicht splitternd (Splitterindikator unbeschädigt) der Klassifizierung angefügt wird [z.B.: FB3 (S)]. Der Splitterindikator ist dabei eine Aluminiumfolie (Dicke 0,02 mm, flächenbezogene Masse 54 g/m^2) in einem Abstand von 500 ± 10 mm hinter der Probe.

Die Einordnung in eine Schusssicherheitsklasse FB1 bis FB7 setzt voraus, dass die Anforderungen auch in den darunter befindlichen Klassen erfüllt werden. Ist keine Einordnung in die Klasse FB1 möglich, kann das Fenster nicht als durchschusshemmend bezeichnet werden.

Tabelle 110.3-25: Klassifizierung und Prüfungsanforderungen – Schusssicherheit [89]

Klasse	Art der Waffe	Kaliber	Munition Art	Masse [g]	Beschussbedingungen Prüfentfernung [m]	Geschossgeschwindigkeit [m/s]
FB1	Büchse	22 LR	L/RN	2,6 ± 0,1	10 ± 0,5	360 ± 10
FB2	Faustfeuerwaffe	9 mm Luger	FJ[1]/RN/SC	8,0 ± 0,1	5 ± 0,5	400 ± 10
FB3	Faustfeuerwaffe	357 Mag.	FJ[1]/CB/SC	10,2 ± 0,1	5 ± 0,5	430 ± 10
FB4	Faustfeuerwaffe	357 Mag.	FJ[1]/CB/SC	10,2 ± 0,1	5 ± 0,5	430 ± 10
	Faustfeuerwaffe	44 Magnum	FJ[2]/FN/SC	15,6 ± 0,1	5 ± 0,5	440 ± 10
FB5	Büchse	5,56 x 45	FJ[2]/PB/SCP1	4,0 ± 0,1	10 ± 0,5	950 ± 10
FB6	Büchse	5,56 x 45	FJ[2]/PB/SCP1	4,0 ± 0,1	10 ± 0,5	950 ± 10
	Büchse	7,62 x 51	FJ[1]/PB/SC	9,5 ± 0,1	10 ± 0,5	830 ± 10
FB7	Büchse	7,62 x 51	FJ[2]/PB/HC	9,8 ± 0,1	10 ± 0,5	820 ± 10
FSG	Flinte	12/70	massives Bleigeschoss	31 ± 0,5	10 ± 0,5	420 ± 20

L	Blei		PB	Spitzkopfgeschoss
CB	Kegelspitzkopf		RN	Rundkopfgeschoss
FJ	Vollmantelgeschoss ([1]... Stahl; [2]...Kupfer)		SC	Weichkern
FN	Flachkopfgeschoss		SCP1	Weichkern mit Stahlpenetrator
HC1	Stahlhartkern			

110.3.8.3 SELBSTREINIGUNG

Die Selbstreinigung von Fenster und Fensterbändern soll der Senkung der Unterhaltskosten von Gebäuden dienen. Die Systeme unterscheiden sich dabei in einen Selbstreinigungseffekt für Glasscheiben und in Reinigungssysteme für Fassaden.

Selbstreinigungseffekt von Glasscheiben

Die äußere Glasscheibe von Isolierglasscheiben wird bereits vielfach mit einer speziellen Beschichtung bzw. Oberflächenbehandlung versehen, die einen verbesserten Selbstreinigungseffekt bewirkt. Dieser Selbstreinigungseffekt beruht auf der Tatsache, dass auf hydrophil eingestellten Oberflächen das Absetzen von Fettpartikeln aus Industrie und Autoabgasen verhindert wird. Eine wesentliche Voraussetzung ist jedoch, dass die Scheibe mit Regenwasser beaufschlagt wird, um den Reinigungseffekt auszulösen. Die äußere Scheibe des Isolierglases wird mit zwei unabhängigen Beschichtungssystemen ausgerüstet, die in der Lage sind, *„organischen"* Schmutz von der Scheibe zu lösen. Eine Titandioxid-Beschichtung zerstört in einem fotokatalytischen Effekt unter Zuhilfenahme von ultravioletten Strahlen der Sonne organische Schmutzpartikel (Kohlenstoff-Atome) und löst diese an. Die zweite Beschichtung erzeugt auf der Glasoberfläche einen hydrophilen Effekt für Niederschlags- oder Reinigungswasser. Das Wasser kann sich daher gleichmäßig auf der Scheibe verteilen und die Schmutzpartikel abtransportieren. Da diese Beschichtung zu ihrer Aktivierung UV-Licht und Regen (Wasser) benötigt, ist sie überall dort einsetzbar, wo Glas der Witterung ausgesetzt ist – Schrägverglasungen eignen sich besonders. Bei fehlender Niederschlagsbeaufschlagung kann mit Waschwasser geholfen werden. Nach etwa einer Woche aktiviert sich die fotokatalytische Schicht auf der Glasoberfläche und die Selbstreinigung beginnt. Bei zu starker Verschmutzung muss zusätzlich mit warmer Seifenlauge (ohne Scheuermittel) nachgeholfen werden. Da die Beschichtung nur organischen Schmutz zerstört und entfernt, bleibt es nicht aus, dass die Scheiben gelegentlich noch von Hand nachgereinigt werden müssen. Im Bauzustand sind die Gläser durch eine Folie vor Beschädigung zu schützen, da Beton, Gips, Farben, Öle und Silikone die hydrophile Beschichtung beeinträchtigen können.

Selbstreinigung von Fenster- und Fassadenkonstruktionen

Mit Hilfe von mechanischen Reinigungselementen bzw. einer Art von Scheibenwischern, die in einer eigenen Vorrichtung montiert sind, können Verglasungen wie auch gesamte Fensterwandkonstruktionen mechanisch mithilfe von zusätzlichem Spülwasser gereinigt werden. Weiterführende Systeme erlauben bereits den Einsatz von gesammeltem Regenwasser. Ein spezielles Fassadenabdeckprofil integriert die Mechanik für den Transport einer Wischerlippe sowie der Reinigungsflüssigkeit. Über einen zentralen Wasseranschluss wird Wasser mit Reinigungsflüssigkeit aufbereitet und auf die Fassade aufgesprüht. Danach setzt sich die Wischerlippe in Bewegung und reinigt so kontinuierlich die Glasfassade. Beim Rückweg in die Parkstellung werden auch die letzten Wassertropfen entfernt. Da die Wischerlippe flexibel ist, können in der Fassade befindliche Querprofile spielend überwunden werden. Die Flexibilität der Wischerlippe garantiert auch das optimale Reinigungsergebnis, da sie sich auch an Unebenheiten des Glases anpassen kann (Bilder 110.3-08 und 09).

Bild 110.3-01   **Bild 110.3-02**

Bild 110.3-01: Dauerfunktionsstand - Drehkippfenster
Bild 110.3-02: Pneumatischer Bedienknopf – Kippstellung

Bild 110.3-03   **Bild 110.3-04**   **Bild 110.3-05**

Bild 110.3-03: Bruchbild bei nachträglicher Anbringung einer Sicherheitsfolie
Bild 110.3-04: Bruchbild Floatglas Verbundsicherheitsglas
Bild 110.3-05: Bruchbild Einscheibensicherheitsglas

Bild 110.3-06   **Bild 110.3-07**

Bild 110.3-06: Klimabelastungsprüfung – Kondensat an Dichtung und Glasrand
Bild 110.3-07: Klimabelastungsprüfung – Kondensat am unteren Glasrand

Bild 110.3-08
Bild 110.3-09

Bild 110.3-08: Automatische Fensterwaschanlage
Bild 110.3-09: Fensterwaschanlage im Betrieb

Bild 110.3-10
Bild 110.3-11

Bild 110.3-10: Anordnung Thermoelemente für Wärmeschutzprüfung
Bild 110.3-11: Bestimmung des Schließmomentes

Bild 110.3-12
Bild 110.3-13
Bild 110.3-14

Bild 110.3-12: Prüfungsanordnung – statische Verwindung
Bild 110.3-13: Anordnung der Messuhr
Bild 110.3-14: Prüflasten für Festigkeitsprüfungen nach EN 13115

Bild 110.3-15

Bild 110.3-16

Bilder 110.3-15 und 16: Markisoletten

Bild 110.3-17

Bild 110.3-18

Bild 110.3-19

Bilder 110.3-17 bis 19: Markisoletten

Bild 110.3-20

Bild 110.3-21

Bilder 110.3-20: Senkrechte Markisen
Bilder 110.3-21: Gelenkarmmarkise

Bild 110.3-22

Bild 110.3-23

Bild 110.3-24

Bilder 110.3-22 bis 24: Senkrechte Markisen

Bild 110.3-25

Bild 110.3-26

Bilder 110.3-25 und 26: Markisen für Wintergärten

Bild 110.3-27
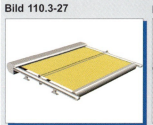

Bild 110.3-28

Bild 110.3-29

Bilder 110.3-27 bis 29: Markisen für Wintergärten – Ausführungsmöglichkeiten

Bild 110.3-30

Bild 110.3-31

Bilder 110.3-30 und 31: Fassadenmarkisen

Bild 110.3-32

Bild 110.3-33

Bild 110.3-34

Bilder 110.3-32 bis 34: Fassadenmarkisen – Beispiele

Bild 110.3-35

Bild 110.3-36

Bilder 110.3-35 und 36: Rollos

Bild 110.3-37 **Bild 110.3-38** **Bild 110.3-39**

Bilder 110.3-37 bis 39: Rollos – Beispiele

Bild 110.3-40 **Bild 110.3-41**

Bilder 110.3-40: Raffstore
Bilder 110.3-41: Faltstore

Bild 110.3-42 **Bild 110.3-43** **Bild 110.3-44**

Bilder 110.3-42 bis 44: Raffstore und Faltstore – Beispiele

Bild 110.3-45	Bild 110.3-46

Bild 110.3-45: Rollladen
Bild 110.3-46: Rollladen

Bild 110.3-47	Bild 110.3-48	Bild 110.3-49

Bild 110.3-50	Bild 110.3-51	Bild 110.3-52

Bilder 110.3-47 bis 52: Rollläden – Einbaubeispiele

Bild 110.3-53	Bild 110.3-54

Bild 110.3-53: Schiebeläden
Bild 110.3-54: Außen liegender Blendschutz aus Stahllamellen

SpringerArchitektur

Helmut Schramm

Low Rise – High Density

Horizontale Verdichtungsformen im Wohnbau

2005. 170 Seiten. 166 Abbildungen.
Format: 17,5 x 23 cm
Broschiert **EUR 29,–,** sFr 49,50
ISBN 3-211-20344-3

Während sich in der Debatte rund um das Wohnen die Bilder des Einfamilienhauses und seines Antipoden, des Wohnhochhauses, breit machen, verliert man nur allzu leicht eine traditionell starke Alternative aus dem Auge: das Hof- und Reihenhaus.
Einleitend wird der Leser in die Geschichte dieses Typus eingeführt. Die Kernstücke sind eine akribische typologische Analyse, sowie eine Sammlung neuer Strategien, die aufzeigen, wie man mit dem Hof- und Reihenhaus komplexen Anforderungen des Städtebaus und neuen Formen des Wohnbedarfs auf flexible Art gerecht werden kann.
Grundrissanalysen, Qualitätskriterien und städtebauliche Konzepte sowie ein umfangreicher Beispielteil realisierter Bauten bedeutender Architekten ergänzen dieses einmalige Werk.

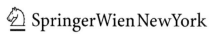

P.O. Box 89, Sachsenplatz 4–6, 1201 Wien, Österreich, Fax +43.1.330 24 26, books@springer.at, **springer.at**
Birkhäuser c/o SDC, Haberstraße 7, 69126 Heidelberg, Deutschland, Fax: +49.6221.345-4229, SDC-bookorder@springer-sbm.com
Chronicle Books, 85 Second Street, San Francisco, CA 94105, USA, Fax +1.800.858-7787, sales@papress.com
Preisänderungen und Irrtümer vorbehalten.

110.4 VERGLASUNGS- UND BESCHLAGS-TECHNIK

110.4.1 GLASARTEN

Die wichtigsten Materialien für die Herstellung von Glas sind Quarzsand, Kalk und Soda, alles Rohstoffe, über die in ausreichendem Maße verfügbar sind. Die Besonderheit des Werkstoffes „Glas" ist, dass es zwar ein fester Stoff bzgl. seiner Struktur, jedoch von seinem Aufbau her bei Raumtemperatur eine Flüssigkeit ist. In der Fachsprache spricht man deshalb bei Glas auch von einer „unterkühlten Schmelze". Die Herstellung von Glas und Glasprodukten begann bereits im alten Ägypten und wurde von den Römern zur Hochblüte geführt. Das Zentrum der Glasbläserkunst im Mittelalter war Murano bei Venedig. Mit der industriellen Revolution zu Beginn des 20. Jahrhunderts wurden Verfahren zu Erzeugung von Flachglas (Fensterglas) entwickelt. Bei diesen Verfahren handelte es sich im Wesentlichen um Ziehverfahren, bei dem aus einer Schmelze ein kontinuierliches Glasband gezogen wird. Seit Anfang 1960 werden Fenster- und Spiegelglas überwiegend nach dem Floatverfahren erzeugt. Das Endprodukt heißt Floatglas, ein Glas mit hervorragenden optischen Eigenschaften.

Entwicklung und Herstellung von Flachglas

Das erste Flachglas wurde erstmalig 1688 in Saint Gobain in Frankreich technisch hergestellt. Die Mundblas- und Gusstischverfahren wurden durch die Tafelglas- und Spiegelglasherstellungsverfahren abgelöst, welche bis in die 60er Jahre eingesetzt wurden. Die Fenstergläser, die mit dem Zieh- und Walzverfahren hergestellt werden, haben den Nachteil, dass in gewissem Umfang Verzerrungen und Welligkeiten auftreten. Diese optischen Verzerrungen sind unangenehm und für den Fassadenbau unakzeptabel. Für den denkmalgeschützten Bereich muss aber auch heute noch Gussglas oder Mundblasglas eingesetzt werden. Für die Herstellung von Spiegelglas verursachte das notwendige Schleifen und Polieren hohe Mehrkosten, sie waren aber für die Erzeugung eines optisch einwandfreien Endproduktes unumgänglich. Das Spiegelglasverfahren wird heute nicht mehr angewandt. Zu Beginn der 50er Jahre fand die englische Firma Pilkington Brothers die richtige Lösung, das Floatglas-Herstellungsverfahren, womit heute Bau- und Fensterglas produziert werden. Der Herstellprozess gliedert sich in:

- Schmelze des Glasgemenges mit anschließender Läuterung,
- Formgebung des Glases,
- Abkühlung des Glases.

Bauglas und Fensterglas besteht überwiegend aus Kalk-Natronglas mit folgender Zusammensetzung:

70 – 74%	SiO_2	Quarzsand	
5 – 12%	$CaCO_3$	Kalkstein als Stabilisator	
11 – 16%	Na_2CO_3	Soda als Flussmittel	
0 – 5%	MgO	Magnesiumoxid	
0,2 – 2%	Al_2O_3	Aluminiumoxid	

Die Rohstoffe gelangen als Gemenge in den Schmelzofen. Das flüssige Glas fließt aus der Läuterwanne durch den Überlaufkanal auf das Zinnbad; an dieser Stelle besitzt die Anlage eine Temperatur von etwa 1100°C. Beim Floatverfahren bewegt sich ein endloses Glasband aus der Schmelzwanne auf das Zinnbad. Dort schwimmt es auf der Oberfläche des geschmolzenen Metalls, breitet sich aus und wird genügend lange auf einer ausreichend hohen Temperatur gehalten. Infolge der Oberflächenspannung der Glasschmelze und der planen Oberfläche des Zinnbades bildet sich auf natürliche Weise ein absolut planparalleles Glasband. Ein kritischer Punkt im Floatprozess ist der Badaustritt. Hier gelangt das Glasband von der Zinnbad-Oberfläche auf die Walzen des Kühlkanals. Dabei ist eine genau definierte Temperatur – etwa 600°C – einzuhalten, da das Glasband die nötige mechanische Festigkeit für das Abziehen besitzen muss. Im Kühlkanal und auf der anschließenden Transportstrecke kühlt das Glas bis auf Raumtemperatur ab.

Abbildung 110.4-01: Schema – Floatglasanlage

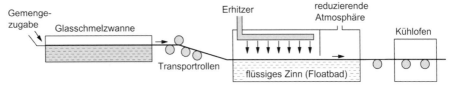

Abhängig vom Herstellungsverfahren existieren daher verschiedene Arten von Glas:

- *Floatglas:* ist die heute am meisten verwendete Glasart mit planer Oberfläche.
- *Fensterglas:* ist der Vorläufer von Floatglas und zeichnet sich durch eine leicht gewölbte Oberfläche aus (Scheiben alter Häuser).
- *Ornament-, Gussgläser:* weisen eine strukturierte Oberfläche auf und sind transluzent.
- *Drahtglas:* weist ein eingelegtes Drahtnetz auf und wird als feuerwiderstandsfähige und splitterbindende Verglasung eingesetzt.

Weiters sind diverse Beschichtungen und Oberflächenbehandlungen möglich. Die Wahl der Glasart und deren Beschichtung und Behandlung beeinflusst den architektonischen Ausdruck und die Tageslichtführung im Raum (direktes oder diffuses Licht, farbiges Licht) sowie bauphysikalische und sicherheitstechnische Eigenschaften. Verglasungen werden vor allem nach mechanischen und thermischen Aspekten unterschieden in:

- Normalglas,
- gehärtetes Glas,
- Einscheibensicherheitsglas „ESG",
- Verbundglas,
- Verbundsicherheitsglas „VSG",
- Brandschutzglas,
- vorgespanntes Glas,
- Isolierglas,
- Wärmeschutzglas,
- Sonnenschutzglas.

Tabelle 110.4-01: Werkstoffkennwerte für unbehandeltes Bauglas

Eigenschaft	Einheit	Wert
Dichte	$[kg/m^3]$	2500
Druckfestigkeit	$[N/mm^2]$	800
Biegefestigkeit	$[N/mm^2]$	30–50
Thermische Ausdehnung	$[\mu m/(mK)]$	9
Wärmeleitzahl	$[W/(mK)]$	0,8
Mohs'sche Härte	$[-]$	5–6
Biege-E-Modul	$[N/mm^2]$	70000
Elektrische Leitfähigkeit	[Siemens]	0
Erweichungstemperatur	$[°C]$	~ 600

Glasarten

Tabelle 110.4-02: Benennungen und Definitionen für Glasarten – ÖNORM B 3710 [65]

Alarmglas	Glas, das bei definierter Einwirkung ein Signal auslöst.
Alkali-Kalk-Glas	Art eines Kali-Kalk-Glases
angriffshemmendes Glas	durchsichtiges oder lichtdurchlässiges Erzeugnis auf Glas- und/oder Kunststoffbasis mit ein- oder mehrschichtigem Aufbau; durchbruchhemmendes Glas, durchschusshemmendes Glas, durchwurfhemmendes Glas
Antikglas	mundgeblasenes Flachglas mit den besonderen Merkmalen alter Gläser
Basisglas	unbehandeltes Produkt, nach dem Zieh-, Float- oder Walzverfahren hergestellt
Bilderglas	zum Schutz von Bildern verwendetes Flachglas, auch in entspiegelter Ausführung
Borosilikatglas	Glasart, die von 7% bis 15% der Masse Bortrioxid enthält
Brandschutzglas, Feuerschutzglas	Flachglas zur Herstellung von Verglasungen
Chauvel-Spiegelglas	Flachglas mit parallel verlaufender Drahteinlage, das durch entsprechende Bearbeitung nach dem Guss seine planen Oberflächen erhält und bei dem die Durchsicht und die Reflexion verzerrungsfrei sind
Dallglas	plattenförmig gegossenes Glas
Drahtglas	eine Art von Drahtornamentglas, jedoch mit glatt gewalzter Oberfläche
Drahtornamentglas	planes, durchscheinendes, klares oder gefärbtes Kalk-Natronsilicatglas, das durch kontinuierliches Gießen und Walzen hergestellt wird und in das während der Herstellung ein an allen Kreuzungspunkten verschweißtes Stahl-Drahtnetz eingelegt wird
Drahtspiegelglas, poliertes Drahtglas, Spiegeldrahtglas	planes, durchsichtiges, klares Kalk-Natronsilicatglas mit parallelen und polierten Oberflächen, das durch Schleifen und Polieren der Oberflächen von Drahtornamentglas hergestellt wird
Einscheiben-Sicherheitsglas (ESG)	thermisch vorgespanntes Guss-, Float-, Roh- oder Fensterglas, das gegen Schlag, Verwindung und Temperaturwechsel weitgehend widerstandsfähig ist
Eisblumenglas	Flachglas, dessen eine Oberfläche nach Mattierung, Leimung und Erwärmung ein eisblumenartiges Muster erhält
elektrochromes bzw. gasochromes Glas	Flachglas, welches bei Stromzufuhr die Strahlungsdurchlässigkeit verändert
emailliertes Glas	mit einer üblicherweise farbigen Schicht (Glasschmelzfarben) überzogenes Flachglas, das nur in thermisch vorgespannter Ausführung hergestellt werden kann (ESG oder TVG)
entspiegeltes Glas	Flachglas mit reduzierten Reflexions- und Spiegelungseigenschaften
Farbglas	klare oder getrübte Glasart, die bei sichtbarem Licht unterschiedliche spektrale Verteilung aufweist
Faserschichtglas; Lichtstreuglas	Licht streuende Mehrfachscheiben aus Flachglas mit einer Zwischenschicht aus Glasfaservlies, die am Rand luftdicht abgeschlossen sind
Fensterglas	nach dem Zieh- oder Floatverfahren hergestelltes, durchsichtiges, eventuell farbiges Flachglas
Flachglas	Oberbegriff für alle ebenen sowie veredelten Scheiben, die aus planem Glas gefertigt werden
Floatglas	Flachglas, welches durch Fließen einer geschmolzenen Glasmasse (Floatverfahren) auf einem Metallbad hergestellt wird
Glasdachziegel	im Pressverfahren in einem Dachziegel- oder Betondachsteinformat hergestellter Glaskörper, zur Belichtung von Dachräumen
Glasstein	im Pressverfahren hergestelltes Glasprodukt, in Standardformaten
Gussglas	gegossenes Flachglas mit oder ohne Drahteinlage, mit ein- oder beidseitig ornamentierter Oberfläche, das eine hohe Lichtdurchlässigkeit sowie entfernungsabhängig eine Durchsichtminderung bietet
Goldrubinglas	Farbglas, das durch kolloidal ausgeschiedenes Gold rubinrot gefärbt ist
Heizscheibe	weiterverarbeitetes Flachglas, in das Heizelemente eingearbeitet sind und das zur Verhinderung von Eisbildung oder Beschlag auf Sichtscheiben dient
infrarot-durchlässiges Glas	Glasart mit – im Vergleich zu Basisglas – erhöhter Durchlässigkeit von IR-Strahlung
Isolierglas	Element aus zwei oder mehr gleich- oder ungleichartigen Scheiben, die auf Abstand gehalten werden und im Randbereich verschlossen sind

Tabelle 110.4-03: Benennungen und Definitionen für Glasarten – ÖNORM B 3710 [65]

Kathedralglas	Gussglas mit unregelmäßiger, klein oder groß gehämmerter Oberfläche
Kobaltglas	durch Kobaltoxid blau gefärbtes Glas
Kohlegelbglas; Sulfidgelbglas	durch Schwefelverbindungen gelb bis braun gefärbtes Farbglas
Kupferrubinglas	Farbglas, das durch kolloidales Kupfer rot gefärbt ist
Mattglas	ein- oder beidseitig gleichmäßig aufgerautes Glaserzeugnis
Milchglas	umgangssprachlicher Ausdruck für getrübtes, durchscheinendes Glas
Mosaikglas	in kleinen Maßen gegossenes und gewalztes bzw. gepresstes opakes Farbglas oder getrübtes Glas, das der Weiterverarbeitung zu Glasmosaik dient
Opakglas, Marmorglas	durchgehend getrübtes, auch getöntes, weitgehend lichtundurchlässiges Glas
Opalglas	durchgehend getrübtes, auch getöntes, undurchsichtiges und weitgehend lichtundurchlässiges, auch opalisierendes Glas
Opalescentglas	Gussglas, das im Walzverfahren aus mehreren opaken Glasschmelzen hergestellt wird
Ornamentglas	planes, durchscheinendes, klares oder gefärbtes Kalk-Natronsilicatglas, das durch kontinuierliches Gießen und Walzen hergestellt wird
Profilbauglas	gewalztes Gussglas in unterschiedlich profilierter Form mit oder ohne Drahteinlage mit ornamentierter und/oder beschichteter Oberfläche
Rohglas	veraltete Bezeichnung für Gussglas mit bestimmten Oberflächenstrukturen
Röntgenstrahlen-Schutzglas	hochbleihaltiges Glas, das eine starke Absorptionsfähigkeit für Röntgenstrahlen besitzt
satiniertes Glas	ein- oder beidseitig vollflächig säuregeätztes Glas
Schalldämmglas	Glasprodukt mit – im Vergleich zu Basisglas – erhöhter Schalldämmung
Selenrubinglas	rotes Anlaufglas (Farbglas)
Sicherheitsglas	Glaseinheit, welche bei Glasbruch eine verminderte Verletzungsgefahr bietet
Silikatglas	Glasart, die im Wesentlichen Kieselsäure (Siliciumdioxid) als Glasbildner enthält
Sonnenschutzglas	Flachglas oder Flachglaskombination mit selektiven Absorptions- und Reflexionseigenschaften zur Verminderung der Durchlässigkeit von Wärmestrahlen
Spiegel	ungefärbtes oder gefärbtes Flachglas, welches einseitig mit einer reflektierenden Schicht versehen ist, die durch Kupfer- und Lackschichten geschützt wird
Spiegelglas; Kristallspiegelglas	nach veraltetem Herstellungsverfahren erzeugtes, beidseitig geschliffenes und poliertes Glas
Spionspiegel	teildurchlässiger Spiegel zur Beobachtung heller Räume aus einem dunklen Raum
Strahlenschutzglas	Glaseinheit mit reduzierter Durchlässigkeit für Strahlen
teilvorgespanntes Glas (TVG)	behandeltes Flachglas mit erhöhter mechanischer Festigkeit und thermischer Beständigkeit für bestimmte Anwendungsbereiche
Tischkathedralglas	ursprünglich im Walzverfahren auf dem Tisch hergestelltes Gussglas, das Quetschstrukturen, Scheuerstellen und Hämmerung zeigt
Überfangglas	Glaserzeugnis, das aus einem Basisglas und einem dünnen Überzug aus farbigem, farblosem oder getrübtem Glas besteht
UV-durchlässiges Glas	Glasart für optische und technische Zwecke, die eine erhebliche Durchlässigkeit für Strahlen im Wellenlängenbereich der UV-Strahlung besitzt
UV-undurchlässiges Glas	Glas mit einer geringeren Durchlässigkeit für Strahlen im Wellenlängenbereich der UV-Strahlung
Verbundglas	Aufbau, der aus einer oder mehreren Scheiben und/oder Verglasungsmaterial aus Kunststoff besteht und der durch eine oder mehrere Zwischenschichten verbunden ist
Verbund-Sicherheitsglas (VSG)	Flachglas, plan oder gebogen, das aus zwei oder mehr Scheiben besteht und bei dem im Fall eines Bruches die Zwischenschicht dazu dient, Glasbruchstücke zurückzuhalten, eine Restfestigkeit zu bieten und das Risiko von Schnitt- oder Stichverletzungen zu verringern
vorgespanntes Glas	thermisch oder chemisch vorbehandeltes Glas
Wärmedämmglas	Glasart mit einer Beschichtung, die Strahlung von außen durchlässt und die Wärmestrahlung von innen reflektiert

110.4.1.1 MEHRSCHEIBEN-ISOLIERGLAS

Isolierglas ist eine aus zwei oder mehreren gleich- oder ungleichartigen Glastafeln hergestellte Mehrfachscheibe, die jeweils durch einen hermetisch abgeschlossenen Zwischenraum voneinander getrennt sind. Der abgeschlossene Raum zwischen den Scheiben ist nicht, wie fälschlicherweise oft angenommen wird, luftleer, dies ist aus statischen Gründen unmöglich. Der Scheibenzwischenraum steht unter Normalatmosphärendruck und ist mit Trockenluft oder einem Spezialgas gefüllt. Isolierglas mit organisch geklebtem Randverbund, das heute im Markt dominiert, ist zu differenzieren in Isolierglas mit einer und mit zwei Dichtungsebenen (Butyl + Thiokol).

Abbildung 110.4-02: Schema Aufbau einer Isolierverglasung

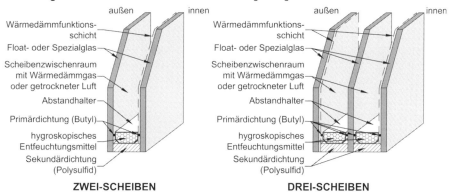

Abbildung 110.4-03: Standardausführungen Randverbund – Zweischeiben-Isolierverglasungen [8]

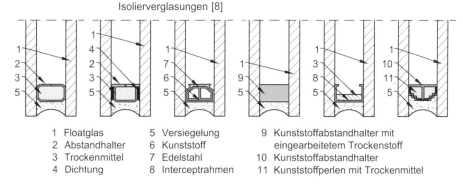

1 Floatglas
2 Abstandhalter
3 Trockenmittel
4 Dichtung
5 Versiegelung
6 Kunststoff
7 Edelstahl
8 Interceptrahmen
9 Kunststoffabstandhalter mit eingearbeitetem Trockenstoff
10 Kunststoffabstandhalter
11 Kunststoffperlen mit Trockenmittel

Bei Isolierglas mit zwei Dichtungsebenen wird zunächst der mit hochaktivem Adsorbens (Trockenstoff) gefüllte und perforierte Abstandhalter mit einem dauerplastischen Dichtstoff auf der Basis von Butyl (Polyisobutylen) nahtlos beschichtet. Diese innere Dichtung dient vornehmlich der Abdichtung des Scheibenzwischenraums gegen eindringenden Wasserdampf. Butyl hat eine sehr niedrige Wasserdampfdiffusionsrate. Zusätzlich erfolgt die Ausfüllung des Hohlraums über dem Abstandhalterrahmen bis zur Scheibenkante mit dauerelastischem Dichtstoff, z.B. Thiokol (Polysulfidpolymer). Die Randversiegelung hat drei Aufgaben zu erfüllen:

- Herstellung einer mechanischen Verbindung der beiden Scheiben, so dass der Zusammenhalt der Scheiben gewährleistet ist.
- Aufnahme und Ausgleich der mechanischen Beanspruchungen durch thermische Beeinflussungen.

- Luftdichter Verschluss des Scheibenzwischenraums, so dass möglichst wenig Feuchtigkeit, insbesondere in Form von Wasserdampf, in den Zwischenraum eindringen kann.

110.4.1.2 ZWEIFACH-ISOLIERGLAS MIT WÄRMEDÄMMBESCHICHTUNG

An ein Wärmeschutz-Isolierglas müssen heute folgende technische Anforderungen gestellt werden:

- Lichtdurchlässigkeit $\geq 60\%$
- Gesamtenergiedurchlassgrad g $\geq 55\%$
- U_g-Wert $\leq 1,8$ W/(m²K)
- neutrale Durch- und Außenansicht.

Scheiben, die diese Anforderungen erfüllen, werden auch als *„Isolierglasscheiben mit optimaler Energiebilanz"* bezeichnet. Zweifach-Isolierscheiben mit Wärmeschutzbeschichtung auf der Basis von Silber übertreffen in allen Bereichen deutlich die oben geforderten Kriterien.

110.4.1.3 DREIFACH-ISOLIERGLAS

Die Dreifach-Isolierscheibe ist physikalisch gesehen die Hintereinanderanordnung von zwei Zweifach-Isolierscheiben, wobei die aneinander grenzenden Scheiben zur mittleren Scheibe der Dreifach-Isolierscheibe zusammengefasst sind. Daraus folgt, dass sich bei der Dreifach-Isolierscheibe der Wärmedurchlasswiderstand im Vergleich zur Zweifach-Isolierscheibe verdoppelt. Dies führt bei 2 x 12 mm Scheibenzwischenraum und Luftfüllung zu einem U-Wert von 2,1 W/(m²K). Durch Schwergasfüllung der beiden Scheibenzwischenräume auf der Basis von Schwefelhexafluorid (SF_6) und Freon kann gegebenenfalls der U-Wert bei verringertem Scheibenzwischenraum zusätzlich verbessert werden. Der niedrigste Wert, der heute mit gasgefüllten Dreifach-Isolierscheiben erzielbar ist, beträgt 0,8 W/(m²K). Damit verfügt die Dreifachscheibe über einen erhöhten Wärmeschutz. Der Vorteil der Dreifach-Isolierscheiben ist die farbneutrale Durchsicht und Außenansicht. Schwergewichtige Nachteile weist die Dreifach-Isolierscheibe jedoch auf hinsichtlich:

- Weiterverarbeitung (höheres Scheibengewicht),
- Alterungsbeständigkeit (höheres Kondensationsrisiko) und
- Größenbegrenzung.

110.4.1.4 DRAHTGLAS

Durch die in der heißen Glasschmelze eingelassene Drahteinlage bleibt beim Bruch der Scheibe das *„Gefüge"* weitgehend erhalten. Glassplitter werden durch diese Drahteinlage gebunden, so dass keine ernsthaften Verletzungen durch grobe und scharfe Bruchstücke entstehen. Anwendung findet aus diesem Grunde Drahtglas vor allem im Tür- und Brüstungsbereich. Drahtglas gibt es in der Ausführung Float – so genannte Drahtspiegelglas – und in der Ausführung mit Gussglas, weiß und farbig. Gussgläser mit Drahteinlagen können sich bei hoher Temperaturbelastung partiell aufheizen. Im Verbund mit Isolierglas besteht deshalb Spannungsbruchgefahr. Dies ist begründet in den unterschiedlichen Ausdehnungskoeffizienten von Draht und Glas. Bei Einsatz von Drahtgläsern im Isolierglasverbund (sollte an sich vermieden werden) muss zudem die Gegenscheibe immer dünner, zumindest jedoch höchstens gleich dick sein.

110.4.1.5 EINSCHEIBENSICHERHEITSGLAS „ESG"

Unter dem Begriff „ESG" ist vorgespanntes Glas zu verstehen. Die Vorspannung wird durch thermisches Behandeln des Glases erreicht. Der eigentliche Herstellungsprozess von ESG besteht im raschen und gleichmäßigen Erhitzen einer Floatglasscheibe auf über 600°C und dem anschließenden zügigen Abkühlen (Abschrecken) durch Abblasen mit kalter Luft. Durch die spezifische Wärmeleitfähigkeit des Glases wird bewirkt, dass die äußeren Flächen zum Kern hin unter Druckspannung, der eigentliche Kern des Glases mit zunehmender Abkühlung unter Zugspannung gelangen. Beide Spannungen müssen zueinander im Gleichgewicht stehen, denn nur so ist der stabile Spannungszustand zu erreichen, der für die Sicherheitseigenschaften von ESG verantwortlich ist. Im Gegensatz zu normalem Floatglas, das im Bruchfalle scharfkantige, dolchartige Glassplitter und Glasscherben bildet, entsteht bei ESG durch Zerstörung des Spannungsgleichgewichts ein engmaschiges Netz von kleinen, meist stumpfkantigen Glaskrümeln, wodurch die Verletzungsgefahr erheblich vermindert wird.

Zusätzlich zu diesen Sicherheitseigenschaften – Schutz vor Verletzungsgefahr – zeichnet sich ESG durch erhöhte Biegezugfestigkeit, erhöhte Schlagfestigkeit und erhöhte Temperaturwechsel-Beständigkeit aus. Letztere beträgt ± 100°C Temperaturdifferenz, während normales Floatglas dagegen wesentlich temperaturempfindlicher (± 40°C) ist. Der Anwendungsbereich von ESG ist aufgrund der genannten Eigenschaften recht vielseitig. So findet ESG Anwendung im Sportstättenbau (ballwurfsicher nach DIN 18032, Teil 1 und 3 [53] [54]), Schul- und Kindergartenbau (aus Sicherheitsgründen zur Vermeidung von Verletzungsgefahr) und im Wohn- und Verwaltungsbau (für Treppenaufgänge, Türen, Türanlagen und Trennwandverglasungen).

Brucheigenschaften von Glas

Bezeichnung	Eigenschaften bei Bruch (Bilder 110.3-03 bis 05)
Floatglas	typisches, (gefährliches) Bruchbild
ESG	erhöhte Festigkeit gegenüber Floatglas, zerbricht zu weniger gefährlichen „Glaskrümeln"
VSG	erhöhte Festigkeit gegenüber Einzelscheiben, Splitterbindung durch Folienverbund, Resttragkraft nach Bruch beider (sämtlicher) Scheiben durch Verbundwirkung
TVG	erhöhte mechanische und thermische Festigkeit gegenüber Floatglas

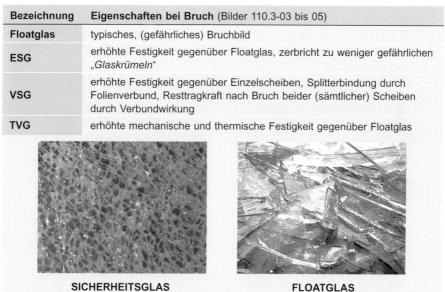

SICHERHEITSGLAS   FLOATGLAS

110.4.1.6 EMAILLIERTES GLAS

Eine Weiterentwicklung des ESG ist die Emaillierung gesamter Scheiben oder auch nur von Teilbereichen. Email ist vom Grundwerkstoff feinst gemahlenes Glas, welches in der Regel durchgefärbt wird. Im Härteofen können während des Härtevorganges Emailschichten auf die Oberfläche aufgeschmolzen werden. Die aufgeschmolzenen Schichten können unterschiedlichsten Anforderungen gerecht werden wie

- farbige Gestaltung,
- kratzfeste Oberfläche,
- künstlerische Gestaltung und
- Sonnenschutz.

Bei der farbigen Gestaltung sind alle Glasurfarben möglich, für die künstlerische Gestaltung kommt zusätzlich der Vorteil des mehrmaligen Emaillierens zum Tragen. Speziell Sonnenschutzgläser werde vielfach mit emailliertem Muster (z.B. Punkte, Raster u.ä.) eingesetzt. Durch die Emaillierung wird der Gesamtenergiedurchlassgrad bei weitgehender Beibehaltung der transparenten Optik von Glas abgesenkt.

110.4.1.7 VERBUNDSICHERHEITSGLAS „VSG"

Die Herstellung von VSG erfolgt derart, dass zwei oder mehr übereinander liegende Floatscheiben durch eine oder mehrere hochelastische Zwischenschichten (Folien) aus Polyvinylbutyral fest miteinander verbunden werden. Dies erfolgt einerseits durch den Vorverbund mittels einer Walzenpresse, andererseits im Autoklaven. In diesem wird unter Hitze und Druck ein dauerhafter Verbund von Glas und Folie geschaffen. Die „glasübliche" Durchsicht wird durch den Verbund in keiner Weise beeinträchtigt.

Verbundsicherheitsglas ist ein splitterbindendes Glas. Das bedeutet, dass beim Bruch einer VSG-Scheibe die Bruch- und Splitterstücke auf der Folie haften. Somit können keine losen, scharfkantigen Glassplitter entstehen und das mindert erheblich die Verletzungsgefahr. Die zäh-elastische Folie erschwert zusätzlich das Durchdringen des gesamten Glaselementes, so dass auch die aktive Sicherheit deutlich erhöht wird (je nach Aufbau einbruch-, durchwurfhemmend bzw. beschusshemmend). VSG zeichnet sich gegenüber ESG durch einen wesentlichen Vorteil aus:

Beim Glasbruch löst sich die ESG-Scheibe in kleine *„Glaskrümel"* auf. Im Regelfall fällt die Scheibe in sich zusammen. Damit bietet ESG keinerlei Schutzwirkung mehr. Bei VSG dagegen bleibt beim Glasbruch zumindest die PVB-Folie üblicherweise intakt. Somit ist gewährleistet, dass VSG auch nach teilweiser Zerstörung immer noch ausreichenden Schutz für Leib und Leben bietet. Kombinationen von mehreren Scheiben und verschieden dicken PVB-Folien geben dem Glas je nach Aufbau zusätzlich eine entsprechende Beschuss- und Einbruchhemmung. Neben den VSG-Scheiben mit PVB-Folien gibt es heute VSG-Scheiben mit Gießharzverbund.

Der Anwendungsbereich von VSG ist aufgrund der Splitterbindung und der Standfestigkeit vorgezeichnet:

- *Kommunalbau:* Die Landesbauordnungen empfehlen großteils für den gesamten Eingangsbereich VSG-Sicherheitsverglasung. Für den Schul- und Kindergartenbereich ist dies teilweise zwingend vorgeschrieben.
- *Sportstättenbau:* Neben der Sicherheitsverglasung im Eingangsbereich ist VSG auch im Sport- und Spielbereich aufgrund seiner bedingten Ballwurfsicherheit empfehlenswert. Ebenso empfehlenswert erscheint aus Sicherheitsgründen die Verwendung von VSG im Hallenbadbereich.

- *Industrie- und Geschäftsbereich:* VSG dient speziell als Einbruchschutz, um die Sicherheit noch zu erhöhen bzw. einem Einbruch vorzubeugen, kann zusätzlich eine Alarmdrahteinlage eingebracht werden.
- *Wohnbereich:* Neben der Einbruchsicherung dient VSG hier vornehmlich dem Schutz für Leib und Leben, z.B. bei geschoßhoher Verglasung und im Brüstungsbereich.
- „Über-Kopf-Verglasungen": In diesen Bereichen ist aus Sicherheitsüberlegungen unbedingt VSG erforderlich. ESG kann hier für die Innenseite keinesfalls Anwendung finden.

110.4.1.8 TEILVORGESPANNTES GLAS „TVG"

Das teilvorgespannte Glas ist eine Weiterentwicklung des ESG. Bedingt durch Probleme bei der Herstellung von ESG durch Bruch infolge Härtespannungen und bei der maßgenauen Bearbeitung von Gläsern (insbesondere bei Bohrungen) wurde für die Herstellung von VSG ein Glas mit geringerem Vorspanngrad als das ESG entwickelt. Dieses Glas vereint die Eigenschaften von ESG hinsichtlich der Schlagfestigkeit mit einer wesentlich einfacheren und dadurch kostengünstigeren Herstellung. Das Bruchbild von TVG unterscheidet sich vom ESG und ist durch stumpfe lange Scherbenstücke gekennzeichnet. Das TVG wird daher vornehmlich bei der Herstellung von VSG rauminnenseitig angewandt.

110.4.1.9 BRANDSCHUTZGLAS DER FEUERWIDERSTANDSKLASSE „G"

Die so genannten „G-Gläser" müssen den Flammen- und Brandgasdurchtritt über eine bestimmte Branddauer (z.B. G 30 = 30 Minuten) verhindern, so dass auf der feuerabgekehrten Seite keine Flammen oder entzündbaren Gase auftreten. Diese „G-Verglasungen" müssen einschl. ihrer Halterung, Befestigung und Fugen beim Brandversuch als Raumabschluss wirksam bleiben. Der Durchtritt von Hitzestrahlung kann bei „G-Gläsern" dagegen nicht verhindert werden. Die derzeitigen Möglichkeiten im Bereich der „G-Verglasungen" bestehen im Wesentlichen aus drei unterschiedlichen Glasarten:

- Drahtglas mit punktgeschweißtem Netz, wobei im Bruchfalle die Glasscheibe im Drahtgefüge festgehalten wird (maximal bis G 60).
- Aufwändige spezielle ESG-Kombinationen im Isolierglasverbund (maximal bis G 60).
- Vorgespanntes Borosilicatglas, wie z.B. Pyran aus dem Hause Schott Glaswerke, Mainz (maximal bis G 120 als Einfachscheibe und maximal bis G 90 als Isolierglas).

Empfehlenswert ist der Einbau von G-Verglasungen in Fassaden von hohen Gebäuden, um einen Flammenüberschlag von Geschoß zu Geschoß zu verhindern. Dies gilt speziell für Hochhäuser, die in horizontale Brandabschnitte unterteilt sind. Bei Gebäuden, die über Eck zusammenstoßen, lässt sich eine ungehinderte Brandfortleitung im Fensterbereich der inneren Gebäudeecke durch „G-Verglasung" vermeiden. Die „G-Verglasungen" dürfen überall dort verwendet werden, wo nach Baurecht keine höheren Anforderungen an lichtdurchlässige Öffnungen gestellt werden, z.B. im Bereich von Rettungswegen bei einer Verglasung mit Unterkante von mind. 1,80 m über dem Fußboden. Die Verglasungen für „G 90" und „G 120" sind aufgrund ihrer geforderten langen Widerstandszeit sehr aufwändig und bedürfen einer speziellen anwendungstechnischen Beratung, insbesondere hinsichtlich der Rahmenkonstruktion und der fachgerechten Verglasung.

Tabelle 110.4-04: Richtwerte für Glas – ÖNORM B 8110-1 [80]

Glasart – Bezeichnung	U_g [W/(m²K)]	τ_s	g
Einfach-Glas 6 mm	5,80	0,80	0,83
Zweifach-Isolierglas Klarglas 6-8-6	3,20	0,65	0,71
Zweifach-Isolierglas Klarglas 6-12-6	2,90	0,65	0,71
Zweifach-Isolierglas Klarglas 6-16-6	2,70	0,65	0,72
Zweifach-Isolierglas Klarglas 6-30-6	2,70	0,65	0,72
Dreifach-Isolierglas Klarglas 6-12-6-12-6	1,90	0,53	0,63
Zweifach-Wärmeschutzglas beschichtet 4-16-4 (Luft); $\varepsilon \leq 0{,}05$	1,50	0,48	0,61
Zweifach-Wärmeschutzglas beschichtet 4-15-6 (Argon); $\varepsilon \leq 0{,}1$	1,30	0,47	0,61
Zweifach-Wärmeschutzglas beschichtet 4-12-4 (Krypton); $\varepsilon \leq 0{,}05$	1,10	0,49	0,62
Zweifach-Wärmeschutzglas beschichtet 4-12-4 (Xenon)	0,90	0,49	0,62
Dreifach-Wärmeschutzglas beschichtet 4-8-4-8-4 (Krypton); $\varepsilon \leq 0{,}05$	0,70	0,29	0,48
Dreifach-Wärmeschutzglas beschichtet 4-8-4-8-4 (Xenon)	0,50	0,29	0,48
Zweifach-Sonnenschutzglas 6-15-6 (Argon)	1,30	0,17	0,25
Zweifach-Sonnenschutzglas 6-12-4 (Argon)	1,40	0,24	0,27
Zweifach-Sonnenschutzglas 6-15-6 (Argon)	1,30	0,20	0,29
Zweifach-Sonnenschutzglas 6-15-4 (Argon)	1,40	0,27	0,33
Zweifach-Sonnenschutzglas 6-12-4 (Argon)	1,40	0,35	0,39
Zweifach-Sonnenschutzglas 6-12-4 (Argon)	1,40	0,39	0,44
Zweifach-Sonnenschutzglas 6-15-6 (Argon)	1,30	0,37	0,48

Gasfüllung mindestens 90% (Ausdiffusion nicht berücksichtigt)
U_g ... Wärmedurchgangskoeffizient
τ_s ... Strahlungstransmissionsgrad des Glases
ε ... Emissivität der beschichteten Oberfläche
g ... Gesamtenergiedurchlassgrad

110.4.2 GLASEINBAU

Fensterflügel erhalten ihre eigentliche Steifigkeit erst durch die Verbindung mit der Verglasung oder der Füllung. Zur einwandfreien Abtragung des Glasgewichtes auf den Rahmen müssen die Scheiben „*verklotzt*" werden. Im Zwischenraum zwischen Glas und Rahmen sind ca. 100 mm lange Klötzchen aus Hartholz, Hartgummi oder Neoprene eingeschoben, der Eckabstand muss dabei mindestens der Klotzlänge entsprechen. Unterschieden werden Tragklötze als Scheibenauflager und Distanzklötze zur Ausrichtung und Lagesicherung der Scheiben.

Die Klotzung hat so zwischen Glaskante und dem Glasfalzgrund zu erfolgen, dass die Kräfte aus der Eigenlast des Glases in den Flügel- oder Stockrahmen abgeleitet werden und der erforderliche Spielraum zwischen Glaskante und Glasfalzgrund sichergestellt ist. Die Breite der Klötze richtet sich dabei nach der Dicke der Verglasungseinheit und muss in der Regel ca. 2 mm breiter als deren Dicke sein. Die Länge der Klötze ist nach der Scheibengröße zu bemessen. Die Klotzung muss so durchgeführt werden, dass bei einer Längenänderung durch Feuchtigkeits- oder Temperatureinflüsse die Verglasungseinheit an keiner Stelle mit dem Glasfalzgrund in Berührung kommt. Nach den technischen Erfordernissen, die sich aus Fenstersystem, Öffnungsart, Glasart und Scheibengröße ergeben, sind unterschiedliche Klotzungsarten durchzuführen. Bei einer Glasmasse von mehr als 100 kg ist neben dem Tragklotz noch ein zweiter Klotz von geringerer Dicke einzulegen. Der Abstand der Klötze von den Glasecken hat im Allgemeinen etwa die Klotzlänge zu betragen. Bei feststehenden, schweren Gläsern mit einer Masse von mehr als 100 kg darf der

Abstand von der Mitte der Klötze bis zu den Glasecken maximal 200 mm betragen bzw. sind die Richtlinien der Isolierglashersteller zu beachten. Die Lage der Klötze ist dauerhaft zu sichern, die Klötze dürfen den Dampfdruckausgleich nicht verhindern.

Abbildung 110.4-04: Klotzungsmöglichkeiten für Gläser nach ÖNORM B 2227 [64]

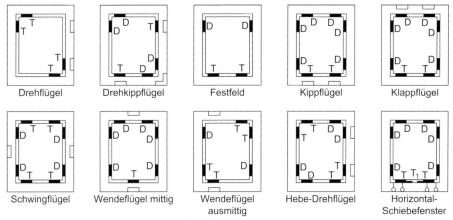

T Tragklötze, T_1 niedrige Tragklötze, D Distanzklötze

Der Verglasungsfalz gehört zur Konstruktion des Fensterflügels. Bei der Falzausbildung ist zu berücksichtigen:

- Lagerung und Eindichtung der Verglasung,
- Belüftung des Falzhohlraums; Abdichtung der eingebauten Glasleiste,
- Dampfentspannung/ Entwässerung nach außen,
- Abdichtung der Glashalteleiste nach innen.

Für die optimale Lagerung des Glases sind die Klotzung und die Dichtung an den Falzanschlag und die Glasleiste verantwortlich. Die Abdichtung kann mit flüssigen Dichtstoffsystemen (nasse Verglasung), hervorgegangen aus dem Einkitten der Glasscheiben mit Leinölkitt, oder mit Dichtprofilen (trockene Verglasung) ausgeführt werden.

Bei Verwendung von Dichtstoffen ist einerseits auf einen optimalen Verbund mit dem Rahmenwerkstoff und andererseits auf die Verwendung von Vorlegbändern zu achten. Holzuntergründe benötigen mindestens einen Grundieranstrich, um einen guten Verbund zu gewährleisten. Für Untergründe wie z.B. Aluminium ist vielfach ein Voranstrich mit einem Primer erforderlich.

Der Vorteil der nassen Verglasung liegt in der optimalen Abdichtung der Verglasung mit dem Flügelrahmen und der Möglichkeit, große Toleranzen der Fertigung zu überbrücken, der der Trockenverglasung mit Dichtprofilen in der einfachen und raschen Montage und dem leichteren Wechsel im Schadensfall. Die Eckausbildung des Profils im Gehrungsschnitt muss sorgfältig ausgeführt und abgedichtet werden, um Luftverluste über die Einbaudichtung zu vermeiden.

Eine spezielle Möglichkeit des glasleistenlosen Einbaues von Verglasung wird häufig bei Holz-Aluminiumfenstern ausgeführt. Die Glasleiste wird bei einer meist trocken ausgeführten Verglasung durch die vorgesetzte Aluminiumdeckschale ersetzt, d.h. für den Einbau der Verglasung wird die äußere Deckschale mit den Dichtprofilen vorgesetzt. Der Vorteil dieser Konstruktion liegt in einem verbesserten (größeren) tragenden Profilquerschnitt, einer einfacheren Fertigung des Profils (Wegfall der herauszusägenden Glasleiste) und einer dichteren Anbindung der Verglasung an das Flügelprofil. Der Nachteil kann unter Umständen in einem Abkühlen der Glashalteleiste und damit einer verstärkten Kondensatbildung liegen.

In jedem Fall sind die Falzräume von außen zu belüften, um etwaige Kondensatmengen, die bei ungünstigen klimatischen Bedingungen entstehen können, abzutrocknen.

Abbildung 110.4-05: Verglasungseinbau in Flügelrahmen

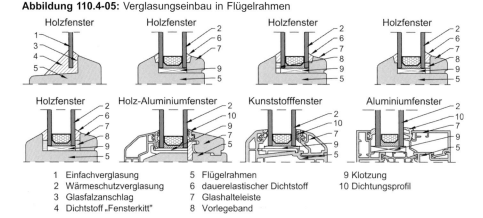

1 Einfachverglasung
2 Wärmeschutzverglasung
3 Glasfalzanschlag
4 Dichtstoff „Fensterkitt"
5 Flügelrahmen
6 dauerelastischer Dichtstoff
7 Glashalteleiste
8 Vorlegeband
9 Klotzung
10 Dichtungsprofil

110.4.3 GLASSTATIK

Die Glasdickenbemessung von Fenstern erfolgt getrennt nach Außenscheibe und Innenscheibe, wobei an der Außenscheibe die volle Windbeanspruchung anzusetzen ist. Aus den Lagerungsbedingungen der Scheibe und den zulässigen Spannungen der verwendeten Gläser (20 bis 50 N/mm^2) ergibt sich dann die erforderliche Glasdicke. Für Fenster mit Schrägverglasungen sind zusätzlich zur Windkraft noch Einwirkungen aus Eigengewicht, Schnee und Nutzlasten zu berücksichtigen.

Tabelle 110.4-05: Zulässige Biegezugspannungen in N/mm^2 für Gläser [66] [33]

Glasart	ÖNORM B 3721	DiBt: technische Regeln 0–80°	DiBt: technische Regeln 80–90°
Floatglas, gezogenes Flachglas	30	12	18
Ornamentglas	20	8	10
Draht-, Drahtornament- und poliertes Drahtglas	20	8	10
Einscheibensicherheitsglas (ESG) Verbundsicherheitsglas (VSG) aus	50	50	50
Floatglas, gezogenes Flachglas	30/Scheibenanzahl	15	22,5
VSG aus ESG	50/Scheibenanzahl	–	–

Die zulässige Spannung von Verbundgläsern errechnet sich nach ÖNORM B 3721 aus der zulässigen Spannung der Glasart dividiert durch die Anzahl der Scheiben, aus denen das Verbundglas gefertigt ist. Unabhängig von Normen und technischen Regeln können zulässige Biegezugspannungen auch über Verordnungen – die dann nur für einen geografisch begrenzten Wirkungsbereich gültig sind – festgelegt sein.

Glasstatik

Tabelle 110.4-06: Zulässige Biegezugspannungen in N/mm² für Gläser – Verordnung der MA 64 Wien [37]

Art des Glases	Überkopfverglasung	Vertikalverglasung
Floatglas	12	18
ESG aus Floatglas	50	50
ESG aus Gussglas	37	37
emailliertes ESG aus Floatglas	30	30
VSG aus Floatglas	15	22,5
TVG	29	29
emailliertes TVG	18	18
VSG aus TVG	29	29
VSG aus emailliertem TVG	18	18
VSG aus ESG Float	–	50

110.4.3.1 SENKRECHTE VERGLASUNGEN

Als Ansatz der Windbeanspruchung sind die jeweils geltenden Beanspruchungsnormen (z.B. ÖNORM B 4014-1 [67]) heranzuziehen und der maßgebliche Staudruck in der Verglasungsoberkante zu ermitteln. Für Verglasungen in Rand- und Eckbereichen sind dabei erhöhte Staudrücke zu berücksichtigen (siehe auch Bd. 2: Tragwerke [20]). Bei Windgeschwindigkeiten bis v_{10} = 135 km/h werden sich bei einem bis zu 50 m hohen Gebäude in Abhängigkeit von der Geländeform dabei Staudrücke q von 0,50 bis 2,50 kN/m² ergeben.

Gemäß ÖNORM B 3721 [66] gilt für die Bemessung von Glasflächen ein örtlicher Differenzdruckbeiwert ($c_{pel} - c_{pi}$) = 1,30 und im Randbereich ein Differenzdruckbeiwert ($c_{pel} - c_{pi}$) = 2,20. Die Breite der Randzone t_l wird dabei mindestens mit t_l = 1,00 m sowie dem Höchstwert von 10% der Gebäudehöhe bzw. der Wandlänge angesetzt.

$$w = (c_{pel} - c_{pi}) \cdot q \qquad (110.4\text{-}01)$$

w	Absolutwert der Windbeanspruchung	[kN/m²]
$c_{pel} - c_{pi}$	Differenzdruck – Beiwerte = 1,30 für Regelbereich = 2,20 für Randbereich	[–]
q	Staudruck	[kN/m²]

Abbildung 110.4-06: Breite des Randbereiches nach ÖNORM B 3721 [66]

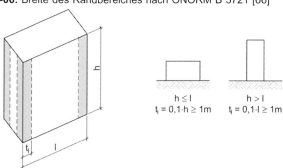

Die eigentliche Bemessung der Gläser erfolgt dann in Abhängigkeit von der Windbeanspruchung, den Scheibenabmessungen und der Lagerungsart nach der Bachschen Plattenformel. Durch Umformung der Grundformel kann nach Wahl der Glasart (zulässige Biegebeanspruchung) die mindesterforderliche Scheibendicke ermittelt werden.

$$d_{min} = \frac{k}{2}\sqrt{\frac{\varphi \cdot w \cdot 10^3}{\sigma_{zul}}}$$ (110.4-02)

d_{min}	Mindestscheibendicke	[mm]
k	Länge der kurzen Scheibenkante	[m]
φ	Formfaktor (nach Tabelle 110.4-07)	[–]
w	Absolutwert der Windbeanspruchung	[kN/m²]
σ_{zul}	zulässige Biegezugspannung	[N/mm²]

Tabelle 110.4-07: Formfaktor φ für Glasdickenbemessung [66]

l/k	φ	l/k	φ	l/k	φ	l/k	φ	l/k	φ
1,00	1,15	1,48	1,92	1,96	2,41	2,44	2,69	2,92	2,83
1,02	1,19	1,50	1,95	1,98	2,43	2,46	2,70	2,94	2,84
1,04	1,23	1,52	1,97	2,00	2,44	2,48	2,71	2,96	2,84
1,06	1,27	1,54	2,00	2,02	2,45	2,50	2,71	2,98	2,85
1,08	1,30	1,56	2,02	2,04	2,47	2,52	2,72	3,00	2,85
1,10	1,34	1,58	2,05	2,06	2,48	2,54	2,73	3,05	2,86
1,12	1,38	1,60	2,07	2,08	2,50	2,56	2,74	3,10	2,87
1,14	1,41	1,62	2,09	2,10	2,51	2,58	2,74	3,15	2,87
1,16	1,45	1,64	2,11	2,12	2,52	2,60	2,75	3,25	2,89
1,18	1,48	1,66	2,14	2,14	2,53	2,62	2,76	3,35	2,90
1,20	1,51	1,68	2,16	2,16	2,55	2,64	2,76	3,40	2,90
1,22	1,55	1,70	2,18	2,18	2,56	2,66	2,77	3,50	2,91
1,24	1,58	1,72	2,20	2,20	2,57	2,68	2,77	3,60	2,92
1,26	1,61	1,74	2,22	2,22	2,58	2,70	2,78	3,75	2,94
1,28	1,64	1,76	2,24	2,24	2,59	2,72	2,79	3,80	2,94
1,30	1,67	1,78	2,26	2,26	2,60	2,74	2,79	3,95	2,95
1,32	1,70	1,80	2,27	2,28	2,61	2,76	2,80	4,15	2,96
1,34	1,73	1,82	2,29	2,30	2,62	2,78	2,80	4,35	2,97
1,36	1,76	1,84	2,31	2,32	2,63	2,80	2,81	4,40	2,98
1,38	1,79	1,86	2,33	2,34	2,64	2,82	2,81	4,80	2,98
1,40	1,82	1,88	2,35	2,36	2,65	2,84	2,82	4,85	2,99
1,42	1,85	1,90	2,36	2,38	2,66	2,86	2,82	5,00	2,99
1,44	1,87	1,92	2,38	2,40	2,67	2,88	2,83	5,01	3,00
1,46	1,90	1,94	2,39	2,42	2,68	2,90	2,83		

Formel (110.4-02) gilt grundsätzlich für vierseitig gelagerte Glasplatten. Wie aus Tabelle 110.4-07 ersichtlich, wird ab einem Seitenverhältnis von 1:5 der Formfaktor φ = 3,00, wodurch sich die Formel für zwei- oder dreiseitige Lagerung wie folgt vereinfachen lässt.

$$d_{min} = \frac{k}{2}\sqrt{\frac{3 \cdot w \cdot 10^3}{\sigma_{zul}}} = 27,386 \cdot k\sqrt{\frac{w}{\sigma_{zul}}} \qquad (110.4\text{-}03)$$

Erfolgt keine direkte Beanspruchung der Innenscheibe, so ist ihre Dicke nach konstruktiven Gesichtspunkten zu wählen. Kann eine Beanspruchung durch Wind nicht ausgeschlossen werden, ist deren die Dicke gleich der Außenscheibe auszuführen oder eine Bemessung der Innenscheibe durchzuführen.

Beispiel 110.4-01: Einfachscheiben aus Floatglas [66]

Abmessungen: 1,00 m x 1,00 m
Staudruck q = 1,00 kN/m²

1. l/k = 1,00 → Tabelle 110.4-07: φ = 1,15
2. Tabelle 110.4-05: nach ÖNORM B 3721 ist σ_{zul} = 30 N/mm²
3. $w = (c_{pel} - c_{pi}) \cdot q = 1,30 \cdot 1,00 = 1,30$ kN/m²
4. $d_{min} = \frac{k}{2}\sqrt{\frac{\varphi \cdot w \cdot 10^3}{\sigma_{zul}}} = \frac{1,00}{2}\sqrt{\frac{1,15 \cdot 1,30 \cdot 10^3}{300}} = 3,53$ mm
5. Nenndicke d_{gew} = 4,00 mm

Beispiel 110.4-02: Einfachscheiben aus Floatglas Randbereich (Sog) [66]

Abmessungen: 2,80 m x 1,70 m
Staudruck q = 1,00 kN/m²

6. l/k = 1,64 → Tabelle 110.4-07: φ = 2,11
7. Tabelle 110.4-05: nach ÖNORM B 3721 ist σ_{zul} = 30 N/mm²
8. $w = (c_{pel} - c_{pi}) \cdot q = 2,20 \cdot 1,00 = 2,20$ kN/m²
9. $d_{min} = \frac{k}{2}\sqrt{\frac{\varphi \cdot w \cdot 10^3}{\sigma_{zul}}} = \frac{1,70}{2}\sqrt{\frac{2,11 \cdot 2,20 \cdot 10^3}{300}} = 10,57$ mm
10. Nenndicke d_{gew} = 12,0 mm

110.4.3.2 SCHRÄGVERGLASUNGEN

Schrägverglasungen werden im Gegensatz zu vertikalen Verglasungen zusätzlich zur Windbeanspruchung noch durch das Glaseigengewicht, den Schnee und allfällig erforderliche Nutzlasten beansprucht (siehe Bd. 2: „Tragwerke"). Für die Bemessung der Scheiben von Schrägverglasungen sind alle auftretenden Beanspruchungen auf die Normale zur Scheibenachse (g_n, q_n) umzurechnen.

Einwirkungen bezogen auf 1 m² Glasscheibe:

$$g = Eigengewicht/m^2$$
$$g_n = g \cdot \cos\alpha$$
$$g_p = g \cdot \sin\alpha$$

$$q = Nutzlast/m^2$$
$$q_n = q \cdot \cos^2\alpha$$
$$q_p = q \cdot \sin\alpha \cdot \cos\alpha$$

(110.4-04)

$$p = g_n + w + \sum q_n \qquad (110.4\text{-}05)$$

g_n	Eigengewicht Glas – Komponente normal Glasebene	[kN/m²]
w	Windbeanspruchung	[kN/m²]
q_n	Nutzlasten, Schnee – Komponenten normal Glasebene	[kN/m²]
p	gesamte Flächenbeanspruchung normal zur Glasebene	[kN/m²]

Für einen vereinfachten Nachweis mit dem Ansatz, dass die maximale Durchbiegung kleiner gleich der Scheibendicke (bzw. f ≤ 0,63·d für Zweischeiben-Verbundgläser) ist kann die minimale Scheibendicke aus dem Maximalwert der Formeln (110.4-02) für die zulässige Spannung und (110.4-06) für die Durchbiegung ermittelt werden.

$$d_{min} = \sqrt[4]{\frac{\psi \cdot p \cdot \left(\frac{k}{2}\right)^4 \cdot 10^9}{E}} \qquad f = \frac{\psi \cdot p \cdot \left(\frac{k}{2}\right)^4 \cdot 10^9}{E \cdot d^3} \qquad (110.4\text{-}06)$$

d_{min}	Mindestscheibendicke	[mm]
k	Länge der kurzen Scheibenkante	[m]
ψ	Formfaktor (nach Tabelle 110.4-08)	[–]
p	gesamte Flächenbeanspruchung	[kN/m²]
E	Elastizitätsmodul	[N/mm²]
	$E = 7,3 \cdot 10^4 \rightarrow$ Floatglas $\qquad E = 7,0 \cdot 10^4 \rightarrow$ ESG	
f	Durchbiegung	[mm]

Für zwei- oder dreiseitige Lagerung kann Formel (110.4-06) vereinfacht werden zu:

$$d_{min} = \sqrt[3]{\frac{60 \cdot p \cdot k^4 \cdot 10^9}{384 \cdot E \cdot f}} \qquad f = \frac{60 \cdot p \cdot k^4 \cdot 10^9}{384 \cdot E \cdot d^3} \qquad (110.4\text{-}07)$$

d_{min}	Mindestscheibendicke	[mm]
k	freie Stützweite	[m]

$$f \leq \frac{k}{300} \leq d \leq 8 \text{ mm}$$

Tabelle 110.4-08: Formfaktor Ψ für Glasdickenbemessung [10]

l/k	Ψ	l/k	Ψ	l/k	Ψ	l/k	Ψ	l/k	Ψ
1,00	0,71	1,46	1,31	1,92	1,72	2,38	1,97	2,84	2,11
1,02	0,74	1,48	1,33	1,94	1,73	2,40	1,98	2,86	2,11
1,04	0,77	1,50	1,35	1,96	1,74	2,42	1,99	2,88	2,12
1,06	0,80	1,52	1,37	1,98	1,76	2,44	1,99	2,90	2,12
1,08	0,83	1,54	1,39	2,00	1,77	2,46	2,00	2,92	2,13
1,10	0,86	1,56	1,41	2,02	1,78	2,48	2,01	2,94	2,13
1,12	0,89	1,58	1,43	2,04	1,80	2,50	2,02	2,96	2,13
1,14	0,91	1,60	1,45	2,06	1,81	2,52	2,02	2,98	2,14
1,16	0,94	1,62	1,47	2,08	1,82	2,54	2,03	3,00	2,14
1,18	0,97	1,64	1,49	2,10	1,83	2,56	2,04	3,05	2,15
1,20	1,00	1,66	1,51	2,12	1,84	2,58	2,04	3,10	2,15
1,22	1,02	1,68	1,52	2,14	1,85	2,60	2,05	3,15	2,16
1,24	1,05	1,70	1,54	2,16	1,87	2,62	2,06	3,25	2,17
1,26	1,07	1,72	1,56	2,18	1,88	2,64	2,06	3,35	2,18
1,28	1,10	1,74	1,58	2,20	1,89	2,66	2,07	3,40	2,19
1,30	1,12	1,76	1,59	2,22	1,90	2,68	2,07	3,50	2,20
1,32	1,15	1,78	1,61	2,24	1,91	2,70	2,08	3,60	2,20
1,34	1,17	1,80	1,63	2,26	1,92	2,72	2,08	3,75	2,22
1,36	1,19	1,82	1,64	2,28	1,93	2,74	2,09	3,80	2,22
1,38	1,22	1,84	1,66	2,30	1,94	2,76	2,09	3,95	2,23
1,40	1,24	1,86	1,67	2,32	1,94	2,78	2,10	4,15	2,28
1,42	1,26	1,88	1,69	2,34	1,95	2,80	2,10	4,35	2,30
1,44	1,29	1,90	1,70	2,36	1,96	2,82	2,11		

Bei der genauen Berechnung von Glasplatten mit einer Durchbiegung größer als die Plattendicke (= Scheibendicke) treten neben den Biegespannungen noch Membranspannungen in der Platte auf, so dass neben der Einhaltung der zulässigen Spannungen auch der Nachweis der effektiven Spannungen erforderlich wird. Ergänzend sind dann noch die maximale Durchbiegung und das *„aufgespannte Volumen"* zu berücksichtigen.

110.4.4 BESCHLÄGE

Beschläge stellen eine der wesentlichsten Baukomponenten des Fensters dar, da sie für die einwandfreie Funktion verantwortlich sind. Die Beschläge für Fenster haben sich aus der Kombination von einfachen Bändern mit einer Drehverriegelung zu komplexen mechanischen Konstruktionen, die eine Vielfach-Verriegelung des Fensterflügels im Stock ermöglichen, entwickelt. Zusätzlich sind beispielsweise Funktionen wie Einbruchsicherheit und automatische Öffenbarkeit hinzugekommen. Die Beschläge werden entsprechend ihrer Funktion eingeteilt in

- Beschläge für die Funktion,
- Beschläge für die Montage,
- Beschläge für die Bedienung (Griffe, Oliven und Ähnliches).

110.4.4.1 MATERIAL FÜR BESCHLÄGE

Für die Herstellung von Fensterbeschlägen haben sich heute Materialien wie Zinkspritzguss, Stahl, Messing und Aluminium durchgesetzt. Verstärkt sind in den letzten 15 Jahren auch Kunststoffe zum Einsatz gekommen. Wesentlichstes Kriterium für die Eignung von Materialien für Beschläge ist die Korrosionsbeständigkeit. Die DIN 50021 [59] (Salzsprühnebel-Prüfung) legt unter anderem Anforderungen an das Korrosionsverhalten von Stahl-Beschlägen fest.

Die Verantwortung für die Stabilität der Beschlagteile liegt beim Beschlaghersteller. Dieser stellt sicher, dass die Beschlagteile so konstruiert und hergestellt sind, dass sie mit den erforderlichen Werten am Fensterprofil befestigt werden können. Die Verantwortung für die Befestigung der Beschlagteile am Rahmen-Werkstoff nach Wahl des Fensterherstellers liegt in dessen Verantwortungsbereich.

110.4.4.2 EINTEILUNG DER BESCHLÄGE

Die Funktionsbeschläge können in die nachfolgenden Kategorien entsprechend den zugeordneten Fensterfunktionen eingeteilt werden.

- Drehbeschläge,
- Drehkippbeschläge,
- Schwingflügelbeschläge,
- Schiebebeschläge,
- Hebekippschiebebeschläge.

Der weitaus größte Teil der heutigen Fensterkonstruktionen wird jedoch mit Drehkipp- bzw. Drehverriegelungen basierend auf dem so genannten Euronut-System (ES) eingesetzt (Abb. 110.4-07). Bei dieser Bauart wird ausgehend von einer Antriebsstelle (dies stellt in der Regel die Griffolive dar) ein Schiebegestänge im Flügelprofil bewegt. An diesem Gestänge sind Verriegelungszapfen befestigt, die in eigens dafür vorgesehene Schließen im Stockprofil eingreifen. Wird dieses Gestänge mithilfe eines Federstahlteiles um 90° umgelenkt, so können auch Verriegelungen an den horizontalen Flügelteilen realisiert werden. Diese einfache Kombination wurde in einer vielfältigen Weise weiterentwickelt und ist die Grundlage für die heutigen Drehkippbeschläge.

Abbildung 110.4-07: Beschläge – Euronut-Bemaßung

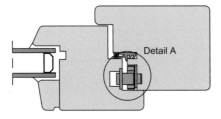
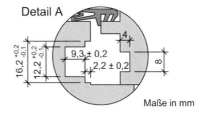

Maße in mm

Da mechanische Bauteile einem Verschleiß unterliegen, ist die Wartung der Beschläge von großer Bedeutung. Im Rahmen dieser Wartung müssen die Schließteile eingestellt werden und Schmiermittel in die Drehgelenksteile bzw. die Gestänge eingebracht werden. Um die Eignung der Beschläge sicherzustellen, wurde in der EN 1191 [88] die Eignung mit einer Dauerfunktionsprüfung festgelegt (Bild 110.3-01).

Abbildung 110.4-08: Beschläge – Begriffe Drehfenster und Dreh-Kipp-Fenster [29]

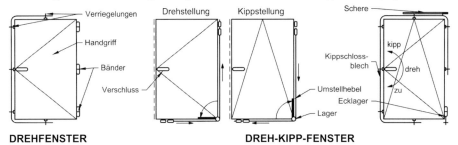

DREHFENSTER   DREH-KIPP-FENSTER

110.4.4.3 BÄNDER

Die für einfache Fenster verwendeten Drehbeschläge leiten sich in der verkleinerten Form von den Türbeschlägen ab. Ebenso ist festzuhalten, dass die Verriegelungsmechanismen ähnlich jenen bei Türen aus einem Schließblech in Verbindung mit einer Fallenkonstruktion entwickelt wurden.

Beispiel 110.4-03: (1) Einbohr-, (2) Zapfen- und (3) Einstemmbänder [99]

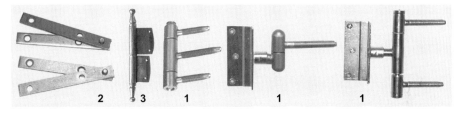

Abbildung 110.4-09: Einbau – Einbohr-Zapfenbänder

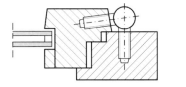 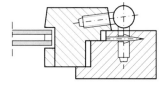

Um die Bedienungssicherheit von Fenstern und Fenstertüren über die zu erwartende Nutzungszeit sicherzustellen, ist der Befestigung sicherheitsrelevanter, tragender Beschlagteile wie Scherenlager und Ecklager besondere Bedeutung beizumessen. Dieses besonders im Hinblick auf höhere Flügelgewichte (über 80 kg), wie sie heute durch die Verwendung von Funktionsgläsern immer häufiger vorkommen.

Für die Befestigung der Bänder an den Rahmenprofilen, die einen wesentlichen Anteil an der Funktionssicherheit der Fenster haben, wurden im Rahmen der RAL von der

„*Gütegemeinschaft Schlösser und Beschläge*" Richtlinien für Montage und Materialien geschaffen (RAL RG 607) [47]. In tabellarischer Form werden zulässige Zugkräfte für tragende, bandseitige Befestigungspunkte für Dreh- und Dreh-Kipp-Beschläge in Abhängigkeit vom Flügelgewicht angegeben. Die in Tabelle 110.4-09 angeführten Werte beziehen sich immer nur auf das Scherenlager, können nach derzeit vorliegenden praktischen Erfahrungen um bis zu 10% unterschritten werden und gelten so lange als verbindlich, bis neue Erkenntnisse vorliegen. Wenn das Ecklager entsprechend dem Scherenlager befestigt wird, sind die erforderlichen Werte nach Tabelle 110.4-09 in jedem Fall als eingehalten anzusehen.

Tabelle 110.4-09: Zugkraftwerte in Abhängigkeit der Flügelgewichte [47]

Flügelgewicht [kg]	Zugkraft F mit 5-facher Sicherheit [N]
60	1650
70	1900
80	2200
90	2450
100	2700
110	3000
120	3250
130	3500
140	3900
150	4200
160	4400
170	4700
180	5000
190	5300
200	5500

Flügelmaße b = 1300 mm x h = 1200 mm

Holzfenster

Bei Holzfenstern werden die erforderlichen Werte in der Regel erreicht, wenn hochwertige Schrauben in den vom Beschlaghersteller vorgegebenen Abmessungen eingesetzt werden.

Kunststoff-Fenster aus PVC

Für Flügelgewichte bis 80 kg werden die in der Tabelle genannten Werte in der Regel erreicht, wenn eine hochwertige Schraube eingesetzt wird und die Befestigung am Profil durch mindestens zwei Profilwandungen erfolgt. Dabei sollte die Dicke der ersten Wandung mindestens 2,8 mm betragen. Für Flügelgewichte über 80 kg sind in jedem Fall zusätzliche Maßnahmen erforderlich, wie eine Befestigung – außer im PVC – zusätzlich im Aussteifungsprofil oder in Einschubteilen. Wenn vom Beschlaghersteller spezielle Beschlagteile angeboten werden, die keine zusätzliche Befestigung im Aussteifungsprofil oder Einschubteil benötigen, so ist vom Beschlaghersteller der Nachweis zu erbringen, dass eine Befestigung in nur zwei PVC-Wandungen ausreichend ist.

Aluminiumfenster

Bei Aluminiumfenstern werden die Werte erreicht, wenn die Befestigung bei aufschraubbaren Beschlagteilen außer in der Profilwandung zusätzlich im Eckverbindungswinkel erfolgt oder durch „*Blindnieten*" durchgeführt wird.

Bei klemmbaren Beschlägen ist der Nachweis für die erforderliche Festigkeit durch den Beschlaghersteller in Abstimmung mit dem Profil-/Systemgeber zu erbringen. Der Fensterhersteller ist für die fachgemäße Montage verantwortlich.

Abbildung 110.4-10: Befestigung des Scherenlagers [47]

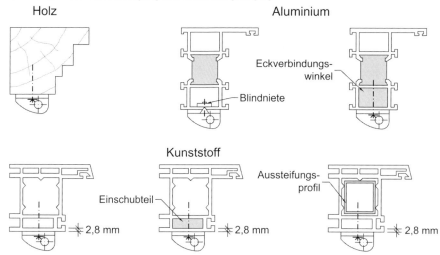

Beispiel 110.4-04: Ecklager und Scherenlager für Dreh-Kipp-Fenster [99]

110.4.4.4 OLIVEN

Die Bedienung eines Fensters erfolgt über Oliven (Drehgriffe). Diese steuern die Triebe der Beschläge über einen genormten Vierkantzapfen. Dadurch können unterschiedliche Oliven entsprechend einem architektonischen Konzept bei gleichem Beschlagstyp gewählt werden. Für die einwandfreie Bedienbarkeit der Fenster sind zulässige Schließmomente und Bedienkräfte in der EN 13115 [95] beschrieben. Einen typischen Grenzwert für ein praktikables Schließmoment an der Olive stellt der Wert von 10 Nm dar.

Tabelle 110.4-10: Bedienkräfte nach EN 13115 [95]

Widerstand gegen Bedienkräfte	Klasse 0	Klasse 1	Klasse 2
Schiebe- oder Flügelfenster	–	100 N	30 N
Beschläge:			
Hebelgriffe (handbetätigt)	–	100 N oder 10 Nm	30 N oder 5 Nm
fingerbetätigt	–	50 N oder 5 Nm	20 N oder 2 Nm

Beispiel 110.4-05: Beispiele für Fensteroliven [99][104]

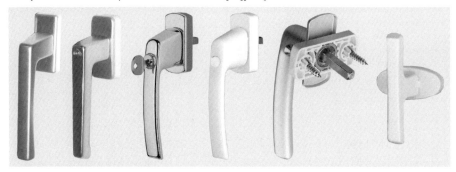

110.4.4.5 VERRIEGELUNGEN

Unter Verriegelungen werden formschlüssige Verbindungselemente für Flügel- und Stockfries bzw. zweier Flügelfriese verstanden. Abbildung 110.4-11 zeigt einen klassischen Reiberverschluss für Drehfenster. Für Drehkippfenster bzw. Fenster mit Mehrfachfunktionen werden heute Rollenverriegelungen angewendet.

Abbildung 110.4-11: Einreiberverschluss, Einlassgetriebe, Kantengetriebe

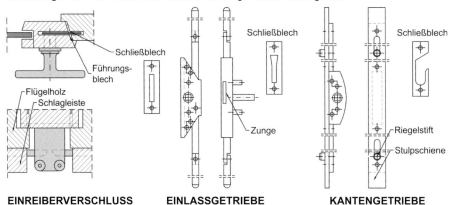

EINREIBERVERSCHLUSS   EINLASSGETRIEBE   KANTENGETRIEBE

Beispiel 110.4-06: Verriegelungen für Fenster [99]

110.4.4.6 DREH-KIPP-BESCHLAG

Bei den modernen Fenstern im Wohnbau ist die häufigste Fensterform das Dreh-Kipp-Fenster. Hinsichtlich der Umschaltung zwischen der Drehöffnung und dem

Kippen existiert die ältere Möglichkeit des Umstellhebels in einer unteren Fensterecke oder der Einhebelbeschlag, bei dem für die Umstellung zwischen dem Kippen und der Drehöffnung nur mehr der Handgriff benutzt wird. Für Oberlichten, Dachflächenfenster und Schiebfenster existieren zahlreiche Sonderformen.

Beispiel 110.4-07: Dreh-Kipp-Beschlag für Fenster [99][104]

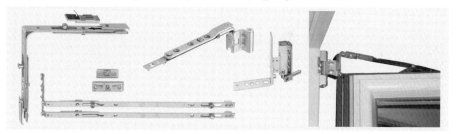

Mithilfe des Gestänges können daher, ausgehend von einem Bedienungspunkt, Fensterflügel mehrfach verriegelt werden. Dies ist insofern von Bedeutung, da bei großen Fensterflügeln die Mehrfachverriegelung für die heutigen hohen Anforderungen an die Wind- und Schlagregendichtheit unabdingbar ist. Ein weiteres Komfortmerkmal stellt die Kippfunktion des Fensters dar. Diese ist für eine störungsfreie Lüftung des Raumes von Vorteil, die Fensterflügel können bei Windstößen nicht mehr unkontrolliert auf- und zuschlagen.

Die Drehkippfunktion konnte mithilfe des beschriebenen Gestänges realisiert werden, wobei die Bänder des Fensters vom einfachen Drehband zum Drehkippband weiterentwickelt wurden. Die wesentlichen Bauteile sind das Ecklager und die Schere. Damit es zu keiner „*Fehlfunktion*" des Drehkippfensters kommt (darunter wird verstanden, dass im gekippten Zustand die Verriegelung geöffnet wird und das Fenster in die Raumseite schlägt), werden spezielle Verriegelungsmechanismen im Bereich der Olive vorgesehen. Dadurch wird ein Drehöffnen des Fensters in gekippter Stellung verhindert.

110.4.4.7 KIPP-SCHIEBE-BESCHLAG

Eine interessante Weiterentwicklung stellt der Kipp-Schiebe-Beschlag dar. Durch Kippen kann die Lüftungsfunktion aktiviert werden, durch Herausschwenken des Flügels aus der Fensterebene wird ein Verschieben des Flügels ermöglicht. Kipp-Schiebe-Beschläge werden für Einfachflügel wie auch für Stulpflügelkonstruktionen verwendet. Speziell für Fenstertüren gibt es Beschlagsmodifikationen, die es auch erlauben, größere Flügelgewichte zu bewegen.

Beispiel 110.4-08: Details von Kipp-Schiebe-Beschlägen [104]

110.4.4.8 DACHFLÄCHENFENSTER

Das Dachflächenfenster, in der Regel eine Schrägverglasung, nimmt aufgrund der Exponiertheit und der direkten Bewitterung eine Sonderstellung ein. Durch die Möglichkeit, öffenbare Fenster mit gutem Wärmeschutz in die Dachhaut einbauen zu können, hat sich eine im Vergleich zum Bau von Gaupen extrem kostengünstige Möglichkeit der Belichtung von Dachräumen ergeben. Darüber hinaus gibt es in denkmalgeschützten Bereich oft keine andere Möglichkeit, als schräge Fenster einzubauen, da die Schutzbestimmungen keine Veränderung der Dachhaut zulassen.

Dachflächenfenster werden heute fast ausschließlich als Schwingflügelfenster gebaut. Mit der Beschlagsentwicklung der Firma Velux wurden die bis dato konventionellen Schwingflügelfenster revolutioniert. Die spezielle Eigenschaft dieses Beschlages ist die Möglichkeit, das Schwingflügelfenster durch Drehen zu wenden und somit eine leichte Reinigungsmöglichkeit der Außenseite zu gewährleisten und darüber hinaus auch eine einfache Lüftstellung zu ermöglichen.

Beispiel 110.4-09: Verriegelungsdetail von Dachflächenfenstern [99]

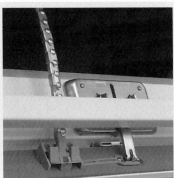

HRACHOWINA

Fenster aus Holz, Holz/Alu,
Kunststoff, Kunststoff/Alu

Schonend und natürlich -
die Holztrocknung bei Hrachowina

Strengeste Kontrolle

Ultra Robuste
4-Schichtverleimung

Rastlose Forschungsarbeit

Geprüfte Qualität

Kostenlose Infoline: 0800 33 67 837

BAUKONSTRUKTIONEN
Neue Reihe in 17 Bänden

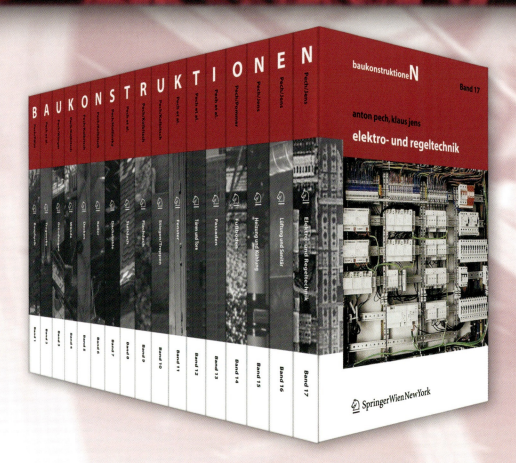

Das komplette Wissen zum Hochbau
Lehrbuch und Nachschlagewerk in einem

Die Lehrbuchreihe **Baukonstruktionen** stellt mit ihren 17 Bänden eine Zusammenfassung des derzeitigen technischen Wissens über die Errichtung von Bauwerken im Hochbau dar.

Didaktisch gegliedert, orientieren sich die Autoren an den Bedürfnissen der Studenten und bieten raschen Zugriff sowie schnelle Verwertbarkeit des Inhalts. Ein Vorteil, der auch jungen Professionals gefallen wird.

In einfachen Zusammenhängen werden komplexe Bereiche des Bauwesens dargestellt. Faustformeln, Pläne, Skizzen und Bilder veranschaulichen Prinzipien und Details.

Ergänzend zu den Basisbänden sind weitere Vertiefungs- und Sonderbände für spezielle Anwendungen geplant und in Vorbereitung.

BAUKONSTRUKTIONEN
Neue Reihe in 17 Bänden

Jeder Band ca. 145 Seiten, ca. 450 z. T. farb. Abb. ca. EUR 24,–, sFr 41,–

Editionsplan:

Bauphysik	Band 1, lieferbar	**Treppen/Stiegen**	Band 10, lieferbar
Tragwerke	Band 2, 2005	**Fenster**	Band 11, lieferbar
Gründungen	Band 3, lieferbar	**Türen und Tore**	Band 12, 2005
Gründungen	Erweiterung 1, 2005	**Fassaden**	Band 13, 2006
Wände	Band 4, 2005	**Fußböden**	Band 14, 2006
Decken	Band 5, 2005	**Heizung und Kühlung**	Band 15, lieferbar
Keller	Band 6, 2005	**Lüftung und Sanitär**	Band 16, 2005
Dachstühle	Band 7, 2005	**Elektro-und Regeltechnik**	Band 17, 2006
Steildach	Band 8, 2006	**Garagen**	Sonderband, 2005
Flachdach	Band 9, 2006		

Extrem hoher Wasserschutz!

MIT ABPERLEFFEKT

www.synthesa.at

Höchster Sonnenschutzfaktor jetzt mit dem Abperleffekt extrem wasserabweisend:
DANSKE Classic-Lasur

Die Dünnschichtlasur für beste Ergebnisse, jetzt mit dem Abperleffekt extrem wasserabweisend:
DANSKE Imprägnierlasur

Synthesa Chemie
Gesellschaft m. b. H.
A-4320 Perg, Dirnbergerstr. 29 – 31
Telefon +43 (0) 72 62 / 560 - 0
Telefax +43 (0) 72 62 / 560 - 1500
E-Mail: office@synthesa.at

2004

125 Jahre

1879

Versuchs- und Forschungsanstalt der Stadt Wien
A-1110 Wien, Rinnböckstraße 15
post@m39.magwien.gv.at

www.wien.at

Städtische Probirstation für hydraulische Kalke

Hochbaulabor
Tiefbaulabor
Bauphysiklabor
Kalibrier- und Messtechniklabor

Prüf- und Überwachungsstelle
akkreditiert - zertifiziert - notifiziert

Zertifizierungsstelle
Amt der Wiener Landesregierung

IPM · schober
fenster
Ges.m.b.H.

ISO 9001:2000 NR. 751/0

A - 4602 Wels-Thalheim, Ascheter Straße 44
Tel. 0 72 42 / 472 71-0 Serie, Telefax 472 71-34

Werk 2   A - 4641 Steinhaus, Unterhart 200
Tel. 0 72 42 / 276 02, Fax 276 02-11

Niederlassung A - 1230 Wien, Friedensstr. 7
Tel. 01 / 726 61 06-0 Serie, Fax 726 61 06-11

Internet: http://www.ipm-schober.com
E-Mail: info@ipm-schober.com

ALUSOMMER

Aluminium-Glas Fassaden

ALUSOMMER GmbH
A-7344 Stoob | Industriestraße 6
t | +43 (0) 2612 42 556
i | www.alusommer.at

Das Leistungsangebot der ALUSOMMER GmbH umfasst Metall/Glasfassaden verschiedenster Art, Elementfassaden, doppelschalige Fassaden, Aluminium-Blechkassetten-Fassaden, Pfosten/Riegel-Konstruktionen, wärmegedämmte Fenster, Türen und Lichtdachkonstruktionen aus Aluminium, Brandschutztüren sowie Sonderkonstruktionen im Aluminium-Glasbau.

Aufgrund der Termintreue und der hohen Qualität der Fassaden hat ALUSOMMER den Ruf eines der leistungsstärksten Metallbauunternehmen Mitteleuropas zu sein.

Ca. 200 Mitarbeiter planen und erzeugen hochqualitative Bauelemente, welche maßgeblich die Optik der Gebäudeaußenhaut bestimmen. Darüber hinaus übernehmen die Fassaden in zunehmendem Maß Energiegewinnungs- und Haustechnikfunktion.

110.5 BAUKÖRPERANSCHLÜSSE

Bei der Verbindung des Fensterelements mit dem Bauwerk ist auf einen dichten, stabilen, jedoch elastischen Anschluss zu achten. Temperaturbedingte Dimensionsänderungen sowie minimale Bauwerkssetzungen sind zwängungsfrei durch entsprechende Fugenausbildung aufzunehmen. In der Regel werden die Fensterrahmen mit Schrauben und/oder Montagewinkel (korrosionsfreie Materialien) in die Leibung montiert. Folgende Parameter sind zu bedenken:

- Wasser und Wind von außen,
- Wasserdampf von innen,
- Aufnahme klimatisch bedingter Bewegungen des Mauerwerks,
- Schall.

Der Fugenraum wird elastisch aufgefüllt und dampfdicht auf der inneren warmen Seite des Bauteilanschlusses rundum abgedichtet. Außen ist die Fuge gegen Bewitterung, Wind und eindringende Feuchtigkeit abzudichten.

- Abdichtung des Bauteilanschlusses soll umlaufend in einer Ebene sein,
- Äußere Abdichtungsebene zur Herstellung der Schlagregensicherheit,
- Innere Abdichtungsebene zur Vermeidung von Tauwasser im Fugenbereich, besonders bei Raumüberdruck (Klimaanlagen),
- Mobiler Wetterschenkel ermöglicht wartbare äußere Abdichtung.

Vergleichbar mit einer Fassade oder einem Dach, bei denen eine bauphysikalische Funktionstrennung in *„Wetterschutz"*, *„Funktionsbereich"* (z.B. Wärme- und Schallschutz) und *„Trennung von Außen- und Raumklima"* möglich ist, kann dies auch für den Bereich von Fenstern erfolgen und ist im Ebenenmodell dargestellt.

Abbildung 110.5-01: Ebenenmodell des Fensters entsprechend der bauphysikalischen Funktionen [11]

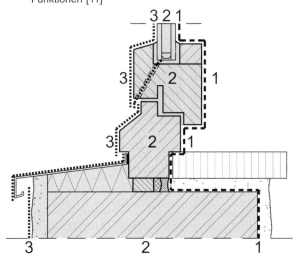

Ebene 1: Trennung von Raum- und Außenklima
Die Luftdichtheit der gesamten Fensterkonstruktion muss in einer Ebene, deren Temperatur über der für ein Schimmelwachstum kritischen Temperatur des Raumklimas liegt, erfolgen. Diese Ebene darf nicht unterbrochen sein und muss in allen Anschlussbereichen mit geeigneten Dichtsystemen ausgebildet werden.

Ebene 2: Funktionsbereich

Im Funktionsbereich oder der mittleren Ebene sind alle Eigenschaften des Wärme- und Schallschutzes sicherzustellen. In dieser Zone auftretende Feuchtigkeit darf nur über die Ebene 3 abgeführt werden.

Ebene 3: Wetterschutz

Die Ebene des Wetterschutzes ist weitgehend für die Verhinderung des Eindringens von Regenwasser (Schlagregen) in die Ebene 2 und eine entsprechende Winddichtheit verantwortlich.

Abbildung 110.5-02: Anordnung von Dichtungssystemen in der Anschlussfuge

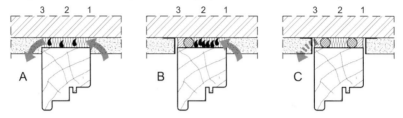

Fall A: Ebene 1 und 3 sind nicht geschlossen. Es entsteht eine Durchströmung der Anschlussfuge mit warmer, feuchter Raumluft, die zu einem Tauwasserausfall führt.
Fall B: Ebene 3 geschossen, Ebene 1 offen. Der einströmende Wasserdampf staut sich an der kalten Ebene 3 und führt zu einem Tauwasserausfall.
Fall C: Ebene 3 diffusionsoffen, Ebene 1 geschlossen. Es entsteht keine Feuchtigkeitsanreicherung in der Funktionsebene 2, der Anschlussbereich bleibt trocken.

110.5.1 BEFESTIGUNGSTECHNIK

Je nach Lage des Fensters bzw. Ausbildung der Leibung wird in Fenster mit und Fenster ohne Leibungsanschlag und bei der Befestigung der Fenster in eine Stockmontage und in eine Blindstockmontage unterschieden. Die Befestigung am Baukörper muss Kräfte aus Eigengewicht, thermischer Belastung, Windlast und Bauwerksverformungen bzw. Bewegungen aus dem Fenster aufnehmen.

Abbildung 110.5-03: Einwirkungen auf Fensterkonstruktionen

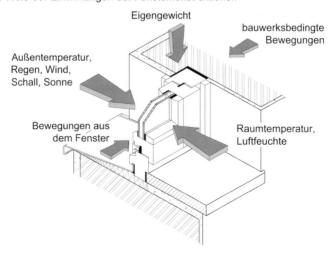

Befestigungstechnik

Thermisch bedingte Längenänderungen – ausgehend vom Einbauzustand – treten praktisch bei allen Fensterkonstruktionen auf. Bei Holzrahmen sind die thermischen Bewegungen im Vergleich zu den feuchtigkeitsbedingten Längenänderungen so klein, dass sie vernachlässigbar sind. Die Größe der thermischen Längenänderungen hängt vom Material, der Temperaturdifferenz und der Länge ab. Unter Berücksichtigung von Langzeitbeobachtungen kann auch eine Dehnung e_f in [mm/m] bei baupraktisch auftretenden Temperaturdifferenzen ΔT angegeben werden.

$$\Delta l = L \cdot \alpha \cdot \Delta T / 1000$$
$$\Delta l = L \cdot \varepsilon_f$$
(110.5-01)

$\varepsilon_f = \alpha \cdot \Delta T$	Dehnung	[mm/m]
Δl	Thermische Längenänderung	[mm]
L	Rahmenlänge	[m]
ΔT	Temperaturdifferenz zum Einbauzeitpunkt	[°C]
α	Wärmeausdehnungskoeffizient Material	[1/K]

Tabelle 110.5-01: Wärmeausdehnung von Fensterprofilen [11]

Werkstoff Fensterprofil	Dehnung ε_f [mm/m]
Holz	~0,0
PVC hart (weiß)	1,6
PVC hart (farbig) und PMMA (farbig)	2,4
wärmegedämmtes Aluminiumverbundprofil (hell)	1,2
wärmegedämmtes Aluminiumverbundprofil (dunkel)	1,3

Abbildung 110.5-04: Thermische Längenänderungen von Fensterprofilen [11]

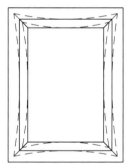

Hinsichtlich der Befestigung der Fenster am Baukörper ist zwischen einer starren und einer beweglichen Montage (zur Aufnahme von Wärmedehnungen) zu unterscheiden. Die Montage kann mittels Maueranker oder Dübel erfolgen, wobei der zwischen Baukörper und Fensterrahmen eingebrachte Montageschaum nicht zur Lastabtragung verwendet werden darf.

Abbildung 110.5-05: Schema Rahmenbefestigungen

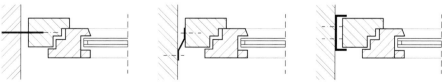

STARR MIT DÜBEL　　FEDERND MIT BANDEISEN　GLEITEND DURCH SCHIENE

Zur gesicherten Weiterleitung der Kräfte, die auf die Fensterkonstruktion einwirken, sind Mindestabstände der Anker untereinander sowie Randabstände einzuhalten. Neben den angegebenen Abständen können von den einzelnen Fensterherstellern systembedingt abweichende Abmessungen vorgegeben werden. Im Bereich von Rollladenkästen sind die Befestigung und das obere Rahmenprofil so zu dimensionieren, dass die einwirkenden Kräfte abgetragen werden können.

- A = Ankerabstand
  ≤ 80 cm bei Aluminium- und Holzfenster
  ≤ 70 cm bei Kunststofffenster.
- E = Randabstand bzw. Abstand von Pfosten und Riegeln
  10 bis 15 cm.

Abbildung 110.5-06: Notwendige Befestigungspunkte gemäß RAL-Richtlinie [27]

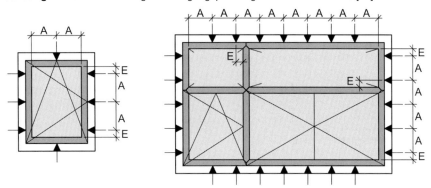

Die Ableitung der Kräfte in der Fensterebene erfolgt über Tragklötze. Bei mehrschaligen Wandkonstruktionen oder der Situierung des Fensters im Bereich der Dämmstoffebene sind Metallwinkel oder Konsolen zu verwenden. Die Klötze bzw. konstruktiven Maßnahmen sind so anzuordnen, dass eine Einspannung der Rahmenkonstruktion vermieden wird und die Längenänderungen nicht so behindert werden, dass dadurch Schäden entstehen. Die Lage der Tragklötze am Fenster ist in Anlehnung an die Verklotzung der Scheiben im Rahmen durchzuführen und auf die auftretenden Kräfte und die Biegesteifigkeit des Rahmens abzustimmen. Um Verformungen möglichst gering zu halten, sollten die Tragklötze weitgehend im Eckbereich bzw. unter Pfosten angeordnet werden. Bei Fenstertüren sind ab Breiten von 1 m Tragklötze auch am unteren Rahmenprofil in Profilmitte einzusetzen.

Abbildung 110.5-07: Anordnung von Trag- und Distanzklötzen zur Rahmenbefestigung [27]

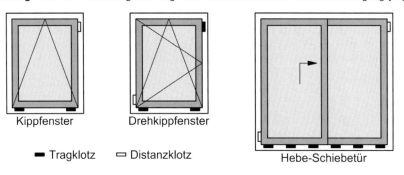

Befestigungstechnik

Holzkeile zum Ausrichten der Fenster sind später wieder zu entfernen und kein Ersatz der Tragklötze, die folgende Anforderungen erfüllen müssen:

- die anfallenden Lasten übertragen können,
- fest und unverschiebbar angeordnet werden,
- die Abdichtung und Wärmedämmung nicht beeinträchtigen,
- aus dauerhaftem Material bestehen.

110.5.1.1 TOLERANZEN BEI DER MONTAGE

Grundsätzlich hat der Einbau von Fenstern immer mit der Wand fluchtend sowie horizontal und vertikal ausgerichtet zu erfolgen. Andere Einbauarten müssen auf das Fenstersystem abgestimmt sein und der Planung entsprechen. Die maximalen Toleranzen im Einbau sind nach der ÖNORM DIN 18202 [56] für die „Grenzabmaße" und die „Winkeltoleranzen" (Tabelle 110.5-02) festgelegt.

Tabelle 110.5-02: Montagetoleranzen für den Fenstereinbau – ÖNORM DIN 18202 [56]

Grenzabmaße	Grenzabmaße in mm bei Nennmaßen:	
	bis 3 m	>3 bis 6 m
Fenster, Türen, Einbauelemente	± 12 mm	± 16 mm
wie zuvor mit oberflächenfertigen Leibungen	± 10 mm	± 12 mm
Winkeltoleranzen	Grenzabmaße in mm bei Nennmaßen:		
	bis 1 m	>1 bis 3 m	>3 bis 6 m
vertikale, horizontale und geneigte Flächen	6 mm	8 mm	12 mm

Tabelle 110.5-03: Fertigungstoleranzen bezogen auf die Fugenbezugsebene der Bauanschlussfuge – ÖNORM B 5320 [77]

Fugen-Nennmaße F_{min}/F_{max} [mm] / [mm]	Koordinationsmaß K [m]	Toleranzbereich je Bauanschlussfuge	
		Wandöffnung TW [mm]	Einbauteil TE [mm]
10/25	bis 1,5	0 bis +10	-10 bis -11
	bis 3,0		-10 bis -12
	bis 4,5	0 bis +12	-10 bis -13
15/30	bis 1,5	0 bis +10	-15 bis -16
	bis 3,0		-15 bis -17
	bis 4,5	0 bis +12	-15 bis -18
20/35	bis 1,5	0 bis +10	-20 bis -21
	bis 3,0		-20 bis -22
	bis 4,5	0 bis +12	-20 bis -23
25/40	bis 1,5	0 bis +10	-25 bis -26
	bis 3,0		-25 bis -27
	bis 4,5	0 bis +12	-25 bis -28

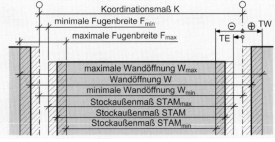

Der Abstand zwischen dem Stockrahmen oder dem Blindstock und der massiven Wandöffnung darf auch bei Ausbildung eines Anschlages 10 mm nicht unterschreiten und sollte in Abhängigkeit vom Dichtstoff 25 mm nicht überschreiten (Tabelle 110.5-04). Für die einzelnen Bauteile sind die Einbau- und Herstellungsmaße so vorzugeben, dass trotz der möglichen Verschiebungen und Verdrehungen beim Einbau bzw. trotz notwendiger Montage- und Bewegungsräume die vorgesehene Lage zuverlässig und funktionsgerecht erreicht wird. Die Toleranzen richten sich dabei nach dem Koordinationsmaß und nicht nach dem Einbau- oder Öffnungsmaß. Bei der Festlegung der Herstellungsmaße ist auf die Kleinst- und Größtfugenbreiten zu achten.

110.5.1.2 STOCKMONTAGE

Bei der heute üblichen und preisgünstigeren Stockmontage wird der Fensterstock direkt in die vorbereitete Rohbauöffnung versetzt. Je nach Wandbildner ist allerdings ein Glattstrich mittels Putz- oder Mauermörtel der Leibung sinnvoll bzw. notwendig. Mithilfe dieses Glattstriches können etwaige Undichtheiten über das Mauerwerk ausgeglichen werden. Das eigentliche Versetzen erfolgt mithilfe von Rahmendübeln. Zusätzlich dazu muss rauminnenseitig ein dampfdichter und außenseitig ein schlagregensicherer Abschluss der Fuge Fensterstock/Rohbau erfolgen.

Abbildung 110.5-08: Stockmontage am Baukörper

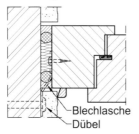

Bei Leichtwandkonstruktionen (Holzriegelbauweise, Holzfertigteilplatten, Holzmassivbauweise) wird in der Regel auf einen Blindstock verzichtet und eine direkte Verschraubung des Fensterstockes mit der tragenden Wand durchgeführt.

110.5.1.3 BLINDSTOCKMONTAGE

Unter einer Blindstockmontage versteht man das Versetzen des Fensters in einen vorbereiteten Holz-, Kunststoff- oder Stahlrahmen. Die Blindstöcke werden im Massivbau vor Fertigstellung der Verputzarbeiten waagrecht und lotrecht versetzt, mit Keilen einjustiert, und anschließend erfolgt das Einputzen der Blindstöcke. Die Luftdichtheit des Rohbauanschlusses erfolgt daher bei Blindstockmontage zwischen dem Blindstockprofil und dem Wandbildner. Für die Befestigung des Blindstockes am Rohbau werden je nach Wandbildner Mauerpratzen oder Rahmendübel verwendet. In die nun so vorbereitete Fensteröffnung des Blindstockes wird das Fenster versetzt und befestigt. Blindstöcke aus Holz oder Kunststoff weisen darüber hinaus auch meistens Anschlagkanten für das Abziehen der verputzten Leibungen auf. Für die Abdichtung des Fensterstockes zum Blindstockprofil werden selbst rückstellende Schaumbänder verwendet.

Blindstöcke bieten den Vorteil, dass das Fenster erst nach den Fassaden- und Verputzarbeiten versetzt werden muss. Damit wird die Verschmutzung oder Beschädigung während dieser Arbeiten vermieden. Blindstöcke werden vor dem Verputzen der Fassade fluchtgerecht versetzt. Sie erfüllen gleichzeitig eine Nivellierfunktion zur Sicherung der plangemäßen Fensterstockmaße. Nachteilig sind der erhöhte Material- und Arbeitsaufwand sowie die verkleinerte Glaslichte bei gleicher Rohbaulichte.

110.5.2 ANSCHLUSSFUGE FENSTER-WAND

Für die Planung der Bauanschlussfuge ist eine Fülle von technischen, konstruktiven und materialbezogenen Parametern zu beachten.

- Festlegung des Werkstoffes des Rahmenprofils,
- Oberflächen der angrenzenden Bauteile,
- Dämmmaterial und Aufbau der angrenzenden Bauteile,
- äußere und innere Hinterfüllprofile,
- Abdichtungen,
- Füllung der Fugenzwischenräume,
- luft-, wind- und/oder schlagregendichte Ausführung,
- Montage- und Befestigungserfordernisse,
- Toleranzen von Wandöffnung und Einbauteil,
- Baurichtmaße und Fugennennmaße.

Bei der Ausführung der Fuge ist eine Reduzierung von Wärmebrücken, eine Einhaltung schalldämmender Eigenschaften angrenzender Bauteile sowie die fallbezogene Luft- und Schlagregendichtheit zu fordern. Eine Bauanschlussfuge gilt gemäß ÖNORM B 5320 [77] als luftdicht, wenn bei maximalem Prüfdruck der Luftdurchgang pro Laufmeter kleiner als 0,4 m^3/h ist.

Die Vermeidung des Eindringens von nicht drückendem Wasser ist ergänzend zu übrigen Fugenausbildungen auch konstruktiv zu lösen, d.h. bei Teilen, die dem Bewegungsausgleich dienen, ist ebenfalls ein Feuchtigkeitseintritt wirksam zu verhindern. Der Schutz der Fuge vor Einwirkungen von außen und innen (z.B. UV-Strahlung, Feuchtigkeit etc.) muss materialspezifisch erfolgen.

Für die heute gebräuchlichen zweischichtigen Außenwände (massiver Wandbildner mit Wärmedämmverbundsystem) soll der Wärmedämmstoff möglichst weit die Fuge Fensterstock/Rohbauwand überdecken, um hier die Wärmebrücken zu minimieren.

Abbildung 110.5-09: Einbaudetails von Fenstern [78]

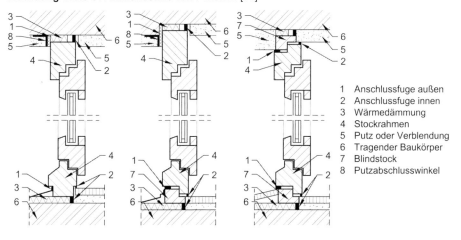

1 Anschlussfuge außen
2 Anschlussfuge innen
3 Wärmedämmung
4 Stockrahmen
5 Putz oder Verblendung
6 Tragender Baukörper
7 Blindstock
8 Putzabschlusswinkel

Abbildung 110.5-10: Einbaudetail eines Holz-Fensters mit Blindstock [78]

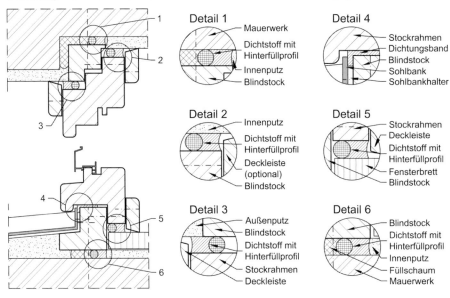

Abbildung 110.5-11: Einbaudetail eines Holz-Aluminium-Fensters mit Blindstock [78]

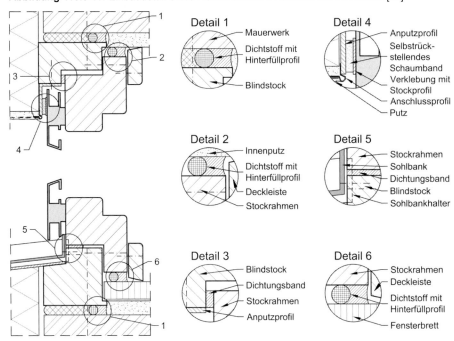

Abbildung 110.5-12: Einbaudetail eines Aluminium-Fensters mit Blindrahmen [78]

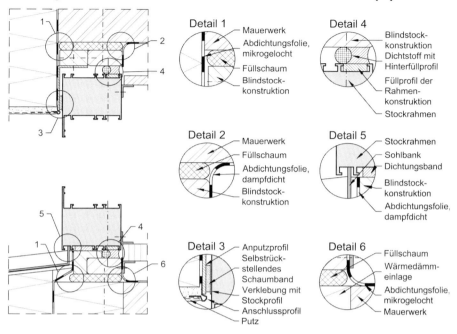

Abbildung 110.5-13: Einbaudetail eines Kunststoff-Fensters [78]

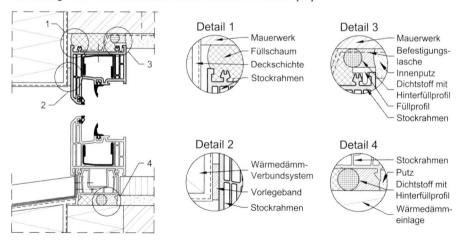

110.5.2.1 ABDICHTUNGSSYSTEME

Die Anschlussfuge zwischen Fenster und Baukörper ist eine Bewegungsfuge, d.h. eine Fuge, bei der mit Veränderungen der Fugenbreite während der Nutzung zu rechen ist. Eine Abdichtung dieser Fugen ist mittels spritzbarer Kunststoffe, imprägnierter Dichtungsbahnen aus Schaumkunststoffen oder Fugendichtungsbändern möglich.

Elastische Dichtstoffe (spritzbare Kunststoffe)

Die Auswahl und Verarbeitung von elastischen Dichtstoffen erweist sich oft als sehr komplex und ist in der DIN 18540 [57] geregelt. Die Dimensionierung der Fugenbreiten auf der Außenseite ist im Regelfall auf eine zulässige Gesamtverformung des Dichtstoffes von ≥ 25% ausgelegt. Rauminnenseitig sind durch die geringeren thermischen Beanspruchungen, unter Beibehaltung der Fugenbreiten, auch Dichtstoffe mit zulässigen Gesamtverformungen ≥ 15% einsetzbar.

Tabelle 110.5-04: Fugenbreiten bei Verwendung elastischer Dichtstoffe – ÖNORM B 5320 [77]

Werkstoff der Rahmenprofile	Fugenbreiten [mm] bei zul. Gesamtverformungen des Dichtstoffes von 25%				
	Anschluss mit Anschlag Stockaußenmaß (STAM)			Anschluss ohne Anschlag Stockaußenmaß (STAM)	
	bis 1,5 m	bis 2,5 m	bis 4,5 m	bis 3,5 m	bis 4,5 m
Holz	10	10	15	10	10
PVC hart (weiß)	10	15	25	10	15
PVC hart und PMMA (nicht weiß)	15	20	30	15	20
Integralschaum hart	10	10	20	10	15
PVC hart und PMMA	10	10	20	10	15
Alu-Verbundprofil – hell	10	10	20	10	15
Alu-Verbundprofil – dunkel	10	15	25	15	15
Holz-Alu – hell	10	10	20	10	15
Holz-Alu – dunkel	10	15	–	15	15

Durch die Verformungen der Anschlussfuge treten Spannungen im Dichtstoff auf, die über die Flankenhaftung in die Bauteile weiterzuleiten sind. Fugenausbildungen mit Dreiflankenfugen oder Dreiecksfugen sind nicht in der Lage, Bewegungen aufzunehmen, und dürfen im Anschlussbereich von Fenstern daher nicht ausgeführt werden. Elastische Dichtstoffe sind zur gesicherten Ausbildung der Fugen nur mit einem nicht saugenden, geschlossenzelligen Hinterfüllmaterial (Hinterfüllprofil) zu verwenden. Als Faustformel für die Dichtstoffdicke kann 50% der Fugenbreite, jedoch mindestens der Wert nach Tabelle 110.5-05 angesetzt werden. Als Hinterfüllprofile eignen sich besonders PE-Rundschnüre mit Kreisquerschnitt, deren Durchmesser etwa 15 bis 30% größer als die mögliche Fugenbreite ist.

Tabelle 110.5-05: Erforderlicher Dichtstoffquerschnitt – ÖNORM B 5320 [77]

Fugenbreite b [mm]	Dichtstoffdicke d [mm]
bis 10	8 ± 2
10 bis 15	10 ± 2
15 bis 20	12 ± 2
20 bis 25	13 ± 2

Die einzelnen Arbeitsschritte bei der Herstellung einer elastischen Fuge gliedern sich in:

(1) Ermittlung der tatsächlichen Fugenbreite und der damit erforderlichen Dichtstoffdicke. Beseitigung von groben Verunreinigungen.
(2) Einbringen des geschlossenzelligen und nicht saugenden Hinterfüllmaterials in der erforderlichen Fugentiefe. Abkleben der Fugenränder.
(3) Reinigung der Fuge und Aufbringung eines Primers (Haftvermittlers).
(4) Einbringen des elastischen Dichtstoffes.
(5) Abziehen und Andrücken des elastischen Dichtstoffes.
(6) Entfernung der Klebebänder und Nachglätten der Fuge.

Abbildung 110.5-14: Arbeitsabfolge bei einer Abdichtung mit elastischen Dichtstoffen [27]

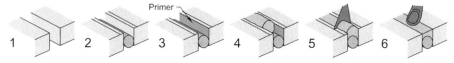

Entsprechend des vorhandenen Untergrundes der Fugenflanken ist der Verwendungsbereich des elastischen Dichtstoffes zu prüfen. Bei einer Direktverklebung mit einem Wandputz hat dieser eine ausreichende Haftzugfestigkeit aufzuweisen, um die Zugspannungen aus dem Dichtstoff auf das Bauwerk übertragen zu können.

Tabelle 110.5-06: Verwendungsbereiche der Dichtstoffe – ÖNORM B 5320 [77]

Dichtstoff	Kontaktmaterial							
	Beton	Glas	Holz	Mauerwerk	Alu	Naturstein	Putz	PVC
Neutralvernetzende Dichtstoffsysteme[1])	+	+	+	+	+	+	+	+
Azetat-System[1])	–	+	+	–	+	–	–	+
Polyurethan	+	–	+	+	+	+	+	+
MS-Polymer	+	–	+	+	+	–	+	+
Acrylsystem	+	–	+	+	+	+	+	–

[1]) auf Silikonbasis

Imprägnierte Dichtungsbänder aus Schaumkunststoffen

Imprägnierte Dichtungsbänder aus Schaumkunststoffen sind im eingebauten Zustand komprimiert und üben im Unterschied zu elastischen Dichtstoffen nur Druckkräfte auf die Fugenwandungen auf. Die Wirkungsweise der Dichtungsbänder beruht auf einer Expansion des Schaumkunststoffes. Ein Einsatz beispielsweise zu einem Putzgrund ist durch die alleinigen Druckkräfte des Dichtungsbandes möglich und eine dauerhafte Lösung. Im Vergleich zu Dichtstoffen sind Dichtungsbänder wasserdampfdurchlässiger und werden je nach Beanspruchungsart in Beanspruchungsgruppen eingeteilt.

Tabelle 110.5-07: Beanspruchungsgruppen – DIN 18542 [58]

Beanspruchungsart	Beanspruchungsgruppe BG1	Beanspruchungsgruppe BG2
Fugenbewitterung	direkt	entfällt
Regeneinwirkung	stark	gering
Tauwassereinwirkung	hoch	gering
Einwirkung von Luftfeuchtigkeit	Langzeit	Langzeit
Winddichtheit	normal	normal

Die Dichtheit eines Dichtungsbandes gegenüber Wasser, Wasserdampf und Schall ist neben der Breite des Bandes durch den Komprimierungsgrad (zwischen 20 und 80%) in der Fuge bestimmt. Nach der Auswahl der Beanspruchungsgruppe und der Fugenbreite kann nach Herstellerangaben das passende Dichtungsband gewählt werden.

Fugendichtungsbänder und Dichtungsbahnen

Fugendichtungsbänder eignen sich besonders für unterschiedliche Fugenbreiten mit relativ großen Bewegungen und größeren Fugentoleranzen. Die einzelnen Produkte unterscheiden sich im Wesentlichen durch:

- die Basismaterialien (Butyl, Silikon, Gewebeeinlagen etc.),
- die Art der Verklebung (selbst klebend, mit zusätzlichen Klebstoffen),
- die Ausstattung des Bandes (Putzträgerbeschichtungen, Alukaschierungen etc.),
- die Bandbreiten und Materialdicken.

Abhängig von der Art des Dichtungsbandes können objektspezifisch für die Verklebung noch Voranstriche mit Primern an den Haftflächen erforderlich sein. An Übergängen, wie im Eckbereich oder an Stößen, ist eine sorgfältige Ausführung erforderlich. Im Bereich der Fuge dürfen die Bänder nicht straff verklebt werden, so dass ein Bewegungsausgleich möglich ist.

Abbildung 110.5-15: Fugendichtung mit Dichtungsbändern

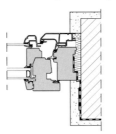
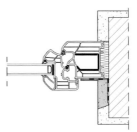

ANBINDUNG AN DAMPFBREMSE **MIT PUTZTRÄGER**

Bei der Überbrückung größerer Fugenbereiche oder mehrschaliger Aufbauten eignen sich Dichtungsbahnen, die auch im Bereich der Fensterbänke zur kontrollierten Wasserableitung eingesetzt werden können. Im Außenbereich sind wasserdampfdiffusionsdichte Dichtungsbahnen an den Fensterrahmen nur punktweise zu verkleben bzw. mechanisch zu befestigen, damit ein Wasserdampfausgleich nach außen stattfinden kann. Bei der Abdichtung sollte immer der bauphysikalische Grundsatz „*innen dichter als außen*" gelten.

110.5.2.2 DÄMMUNG DER ANSCHLUSSFUGE

Die richtige Verfüllung des Fugenraumes mit Wärmedämmstoffen übt einen maßgeblichen Einfluss auf die Oberflächentemperatur des Rahmens und auf den Wärmeverlust im Fensterbereich aus, wobei die Dämmung der Anschlussfuge nicht die Funktion der Luft- und Schlagregendichtheit übernimmt. Grundsätzlich ist immer eine vollständige Ausfüllung über die gesamte Fugentiefe und den gesamten Umfang zu fordern. Als Werkstoffe kommen Dämmstoffe gemäß ÖNORM B 6000 [79], jedoch hauptsächlich Mineralwollen und Schaumstoff-Füllbänder sowie Naturprodukte (Schafwolle, Sisal etc.) bzw. Füllschäume (Ortschäume) nach DIN 18159-1 [55] zur Anwendung.

Bei der Verwendung von Einkomponenten-Ortschäumen ist auf ein mögliches Nachquellen durch Feuchtigkeitsaufnahme zu achten, um keine Beschädigungen durch den Quelldruck an Blendrahmen und Dichtungen zu erhalten. Zweikomponenten-Ortschäume weisen diese Gefahr nicht auf. Nach dem Ausschäumen der Fugen sind die Haftflächen für die Dichtstoffe zu reinigen oder Maßnahmen gegen eine Verunreinigung durch überquellenden Schaum zu setzen. Das Ausschäumen der Anschlussfuge kann eine mechanische Befestigung des Rahmens nicht ersetzen.

Das Ziel einer schalltechnisch richtigen Montage liegt in der luftdichten Ausführung der Anschlussfuge, um die Luftschalldämmung der Fensterkonstruktion nicht zu vermindern. Da eine luftdichte Fugenausbildung aus Gründen des Feuchtigkeits- und Wärmeschutzes notwendig ist, werden dabei meist auch die Anforderungen an den Schallschutz erfüllt.

Abbildung 110.5-16: Schalltechnischer Anschluss Fensterrahmen an Wand

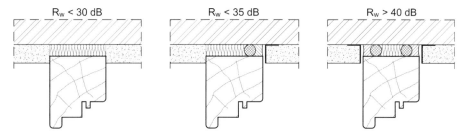

110.5.2.3 FENSTERBÄNKE

Für die Ableitung des Niederschlagswassers nach außen ist eine Fensterbank (Sohlbank) notwendig. Die Neigung der äußeren Fensterbank sollte 5° nicht überschreiten und der Überstand der Abtropfkante (der Vorderkante) über die Fassadenfläche mindestens 30 mm betragen. Gemäß ÖNORM B 2221 [63] „*Werkvertragsnorm – Bauspenglerarbeiten*" ist eine Mindestneigung von 3° und ein Mindestüberstand von 20 mm auszuführen. Der seitliche Abschluss der Fensterbänke stellt vielfach ein Problem dar, da speziell bei Holz-Aluminiumfenstern eine nicht geschlossene Öffnung im Bereich des hinterlüfteten Aluminiumprofils verbleibt. Diese Öffnung muss mit Montageschaum verschlossen werden. Darüber hinaus müssen die Fensterbänke entweder am Fensterstock oder an der Rohbaufläche befestigt werden. Diese Befestigung ist ab einer Ausladung von 150 mm unbedingt erforderlich. Um eine gesicherte Ableitung der Oberflächenwässer zu gewährleisten, ist es erforderlich, Außenfensterbänke im Leibungsbereich entweder in Wannenform oder mit seitlichen Endstücken auszubilden.

Für den Einbau bei Wärmedämmverbundsystemen haben sich seitlich hochgezogene Fensterbänke und ein Anschluss mit selbst rückstellenden Dichtbändern bewährt. Besonders bei metallischen Fensterbänken ist auf die thermische Dehnung zu achten. Ab Fensterbanklängen über 1,5 m sollten speziell bei dunklen Farbtönen auch Dilatationsfugen eingeplant werden. Sind unter der Fensterbank eine Abdichtung und eine Wärmedämmung angebracht, so ist die Abdichtung immer über der Wärmedämmung zu situieren, um eine Durchfeuchtung des Dämmstoffes zu verhindern.

Abbildung 110.5-17: Seitliche Fensterbankanschlüsse [27]

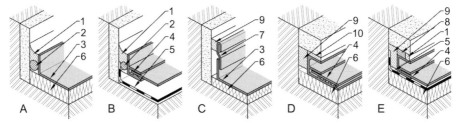

1 Dichtstoff
2 Hinterfüllmaterial
3 Fensterbank
4 Fensterbanksystem
5 Abdichtungsfolie
6 Dämmung
7 Übergangsblech
8 Polystyrolstreifen
9 Dichtungsband
10 Dichtungsband als Trennlage

A. ELASTISCHER ANSCHLUSS UND DÄMMUNG
B. GLEITENDER ABSCHLUSS UND ABDICHTUNGSBAHN
C. MIT ÜBERHANGBLECH (SANIERUNG) UND DÄMMUNG
D. EINGEPUTZT MIT DÄMMUNG
E. GLEITENDER ABSCHLUSS EINGEPUTZT, ABDICHTUNGSBAHN UND DÄMMUNG

Beispiel 110.5-01: Fensterbankdetails

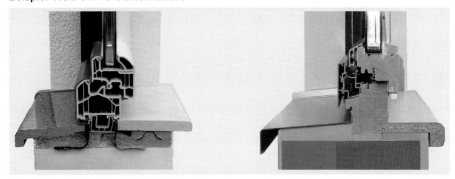

Innenfensterbänke werden im Zuge des Ausbaues versetzt. Die Montage hat sich heute analog zum Fenstereinbau vom Mörtelbett mit Pratzen zur Verwendung von Montage-PU-Schäumen entwickelt. Als Werkstoffe für Innenfensterbänke kommt je nach architektonischen Gesichtspunkten eine Vielzahl an Möglichkeiten in Frage.

- Holzfensterbänke (massiv oder furnierte Holzwerkstoffe),
- Kunststofffensterbänke (PVC-Strangprofile mit Dekorfolien),
- Natur- und Kunststeinbänke.

Auf eine gute Feuchtigkeitsbeständigkeit der Werkstoffe der Bänke ist zu achten, da etwaiges Kondensat oder Niederschläge (bei geöffnetem Fenster) keine Schäden hinterlassen sollten. Ebenso sollten die Fensterbänke nicht zu weit in den Raum ragen, um ein optimales Vorbeistreichen der warmen Raumluft am Fenster (bei Situierung der Heizkörper im Fensterbereich) zur Vermeidung von unnötigem Kondensat zu ermöglichen.

QUELLENNACHWEIS

Dipl.-Ing. Dr. Anton PECH – WIEN (A)
Autor und Herausgeber

Dipl.-Ing. Georg POMMER – WIEN (A)
Autor
Bilder: Titelbild, 110.2-01 bis 06, 110.3-01 und 02, 110.3-04 bis 14

Arch. Dipl.-Ing. Johannes ZEININGER – WIEN (A)
Autor

Dipl.-Ing. Dr. Christian PÖHN – WIEN (A)
Mitarbeit im Kapitel 3: bauphysikalische Anforderungen

Arch. Dipl.-Ing. Angelika ZEININGER – WIEN (A)
Mitarbeit in den Kapiteln 1 und 3

Dipl.-Ing. Dr. Franz ZACH und Leopold BERGER – WIEN (A)
Kritische Durchsicht des Manuskripts

Michael CHVAL – WIEN (A)
Mitarbeit in den Kapiteln 3 und 4

Peter HERZINA – WIEN (A)
Layout, Zeichnungen, Bildformatierungen
Bilder: 110.2-09 und 10, 110.2-16, 110.3-17, 110.3-54

Maria SCHWARZ – FH-WELS (A)
Bilder: 110.2-13 und 14

Ing. Ulrike SCHWARZ – Fa. Holzbetriebe Vogl-Schwarz – DEUTSCH WAGRAM (A)
Bilder: 110.2-07 und 08, 110.2-11 und 12, 110.2-15, 110.2-17 und 18, 110.3-03, 110.3-41

Fa. Finstral AG – UNTERINN AM RITTEN (I)
Bilder: 110.2-20

Fa. Hörmann KG Verkaufsgesellschaft – STEINHAGEN (D)
Bilder: 110.2-21

Fa. DFM Dresdner Fensterbau – OTTENDORF-OKRILLA (D)
Bilder: 110.2-19

Fa. Schüco International KG – BIELEFELD (D)
Bilder: 110.2-22

Fa. Warema Renkhoff GmbH – MARKTHEIDENFELD (D)
Bilder: 110.3-15 und 16, 110.3-18 bis 40, 110.3-42 bis 53

LITERATURVERZEICHNIS

FACHBÜCHER

[1] *Akademie der Bildenden Künste*: Roland Rainer. Residenz Verlag, Salzburg 1990.
[2] *Architecture + Detail, Nummer 9*. Karl Krämer Verlag, Stuttgart/Zürich 1997.
[3] *Architektur Aktuell 6/2001*. Springer, Wien 2001.
[4] *Corbusier*: Vers une architekture.
[5] *Cziesielski*: Bauphysik Kalender 2003. Ernst & Sohn, Berlin 2003.
[6] *Dürr*: Das Stahlfenster in der Bauwirtschaft. Ernst & Sohn, Berlin 1940.
[7] *Ebenbauer, Greisenegger, Mühlberger*: Universitätscampus Wien, Band 2/ Architektur als Transformation. Holzhausen, Wien 1998.
[8] *Frick, Knöll, Neumann, Weinbrenner*: Baukonstruktionslehre Teil 2. Teubner, Stuttgart 1992.
[9] *Gropius, Moholy-Nagy*: Internationale Architektur. Albert Langen Verlag, München 1925.
[10] *Häuser, Kramer, Schmid, Walk*: Gestalten mit Glas. Interpane, Lauenförde 1994.
[11] *Institut für Fenstertechnik e.V., Rosenheim*: Einbau und Anschluss von Fenstern und Fenstertüren mit Anwendungsbeispielen. Verlagsanstalt Handwerk, Düsseldorf 2002.
[11] *Institut für Fenstertechnik e.V., Rosenheim*: Nr. 20 – Einbau und Anschluss von Fenstern und Fenstertüren mit Anwendungsbeispielen. Verlagsanstalt Handwerk, Düsseldorf 2002.
[12] *Jelles, Alberts*: Duiker 1890–1935. Architectura et Amicitia, Amsterdam 1976.
[13] *Joedike*: Moderne Baukunst. Büchergilde Gutenberg, Frankfurt am Main 1959.
[14] *Loudon*: Fenster und Korridore. Michael Loudon, Wien 1992.
[15] *Mies van der Rohe*: Studio Paperback. Artemis Verlag.
[16] *Neumann, Hinz, Müller, Schulze*: Fenster im Bestand. Expert Verlag, Renningen 2003.
[17] *Oberbach Karl*: Kunststoff Taschenbuch. Carl Hanser Verlag, München 2001.
[18] *Olaf Rolf*: Moderne Fenstertechnik. Verlag Moderne Industrie, Landsberg 1993.
[19] *Pech, Jens*: Baukonstruktionen Band 16: Lüftung und Sanitär. Springer, Wien.
[20] *Pech, Kolbitsch*: Baukonstruktionen Band 2: Tragwerke. Springer, Wien.
[21] *Pech, Pöhn*: Baukonstruktionen Band 1: Bauphysik. Springer, Wien 2004.
[22] *Pech, Pommer, Zeininger*: Baukonstruktionen Band 12: Türen und Tore. Springer, Wien.
[23] *Pech, Pommer, Zeininger*: Baukonstruktionen Band 13: Fassaden. Springer, Wien.
[24] *Plischke*: Vom Menschlichen im Bauen. Kurt Wedl, Wien 1969.
[25] *Prouvè*: Architektur aus der Fabrik. Les Editions d'Architecture Artemis, Zürich 1971.
[26] *Raberg*: Funktionalistiskt genombrott. Norstedts & Söners Verlag, Stockholm 1972.
[27] *RAL-Gütegemeinschaften Fenster und Türen*: Der Einbau von Fenstern, Fassaden und Haustüren mit Qualitätskontrolle durch das RAL-Gütezeichen. RAL-Gütegemeinschaften Fenster und Türen, Frankfurt am Main.
[28] *Rasch Heinz, Rasch Bodo*: Zu Offen, Türen und Fenster. Akad. Verlag Dr. Fritz Wedekind, Stuttgart 1931.
[29] *Riccabona*: Baukonstruktonslehre 2 – Stiegen, Dächer, Fenster, Türen. Manz, Wien 1994.
[30] *Risselada*: Raumplan versus Plan Libre. Rizzoli International Publications, New York 1989.
[31] *Scheck*: Fenster aus Holz und Metall: die Bauelemente Band I. Julius Hoffmann Verlag, Stuttgart 1953.
[32] *Schmitt*: Hochbau Konstruktionen. Vieweg, Braunschweig 1977.
[33] *Skalicki*: Glas im Bauwesen. Fachabteilung 1A-Zentralkanzlei, Graz 2003.
[34] *Wachsmann*: Wendepunkt im Bauen. Otto Krauskopf Verlag, Wiesbaden 1959.
[35] *Zeininger*: Architektur als Transformation, Hinzufügungen. Holzhausen, Wien 1998.

VERÖFFENTLICHUNGEN

[36] *Architektur Aktuell* Heft 10. Springer, Wien 2002.
[37] *MA 64-BA/2004*: Verordnung über die bis zum 31. Dezember 2008 befristete Zulassung von Glas im Bauwesen in festigkeitstechnischer Sicht. Wien 2004.

SKRIPTEN

[38] *Deplazes*: Konzept und Konstrukt. ETH Zürich, Berlin 1940.
[39] *Deplazes*: Architektur und Konstruktion. ETH, Zürich 2002.

GESETZE, RICHTLINIEN

[40] *Bauordnung für Oberösterreich*. Linz 1999.
[41] *Bauordnung für Vorarlberg*. Bregenz 2001.
[42] *Bauordnung für Wien*. Wien 2003.
[43] *Bautechnikgesetz Salzburg*. Salzburg 2003.
[44] *Burgenländisches Baugesetz*. Eisenstadt 1997.
[45] *Kärntner Bauordnung*. Klagenfurt 2001.
[46] *Niederösterreichische Bauordnung*. St. Pölten 2003.
[47] *RAL RG 607/3*: Drehbeschläge und Drehkippbeschläge – Gütesicherung. Velbert 1997–03.
[48] *Steiermärkisches Baugesetz*. Graz 2002.
[49] *Tiroler Bauordnung*. Innsbruck 2001.

NORMEN

[50] *DIN 1249-10*: Flachglas im Bauwesen. Chemische und physikalische Eigenschaften. Deutsches Institut für Normung, Berlin 1990-08.
[51] *DIN 4076-1*: Benennungen und Kurzzeichen auf dem Holzgebiet. Holzarten. Deutsches Institut für Normung, Berlin 1985-10.
[52] *DIN 4109*: Schallschutz im Hochbau. Anforderungen und Nachweise. Deutsches Institut für Normung, Berlin 1989-11.
[53] *DIN 18032-1*: Sporthallen – Hallen und Räume für Sport und Mehrzwecknutzung – Teil 1: Grundsätze für die Planung. Deutsches Institut für Normung, Berlin 2003-09.
[54] *DIN 18032-3*: Sporthallen – Hallen für Turnen und Spielen und Mehrzwecknutzung – Teil 3: Prüfung der Ballwurfsicherheit. Deutsches Institut für Normung, Berlin 1997-04.
[55] *DIN 18159-1*: Schaumkunststoffe als Ortschäume im Bauwesen. Polyurethan-Ortschaum für die Wärme- und Kältedämmung: Anwendung, Eigenschaften, Ausführung, Prüfung. Deutsches Institut für Normung, Berlin 1991-12.
[56] *DIN 18202*: Toleranzen im Hochbau – Bauwerke. Deutsches Institut für Normung, Berlin 2004-11.
[57] *DIN 18540*: Abdichten von Außenwandfugen im Hochbau mit Fugendichtstoffen. Deutsches Institut für Normung, Berlin 1995-02.
[58] *DIN 18542*: Abdichten von Außenwandfugen mit imprägnierten Dichtungsbändern aus Schaumkunststoff – Imprägnierte Dichtungsbänder – Anforderungen und Prüfung. Deutsches Institut für Normung, Berlin 1999-01.
[59] *DIN 50021*: Sprühnebelprüfungen mit verschiedenen Natriumchlorid-Lösungen. Deutsches Institut für Normung, Berlin 1988-06.
[60] *ON V 31*: Katalog für wärmetechnische Rechenwerte von Baustoffen und Bauteilen. Österreichisches Normungsinstitut, Wien 2001.
[61] *ÖNORM A 6240-2*: Technische Zeichnungen für den Hochbau – Kennzeichnung, Bemaßung und Darstellung. Österreichisches Normungsinstitut, Wien 1994-07-01.
[62] *ÖNORM B 1600*: Barrierefreies Bauen – Planungsgrundsätze. Österreichisches Normungsinstitut, Wien 2003-12-01.
[63] *ÖNORM B 2221*: Bauspenglerarbeiten – Werkvertragsnorm. Österreichisches Normungsinstitut, Wien 2002-02-01.
[64] *ÖNORM B 2227*: Glaserarbeiten unter Verwendung von Flachglas – Werkvertragsnorm. Österreichisches Normungsinstitut, Wien 1996-05-01.
[65] *ÖNORM B 3710*: Flachglas im Bauwesen – Benennungen mit Definitionen für Glasarten und Glaserzeugnisse. Österreichisches Normungsinstitut, Wien 2004-04-01.

Literaturverzeichnis

[66] *ÖNORM B 3721*: Flachglas im Bauwesen – Dickenbemessungen von Flachglas für vierseitig gelagerte lotrechte Rechteckscheiben. Österreichisches Normungsinstitut, Wien 2002-09-01.

[67] *ÖNORM B 4014-1*: Belastungsannahmen im Bauwesen – Statische Windwirkungen (nicht schwingungsanfällige Bauwerke). Österreichisches Normungsinstitut, Wien 1993-05-01.

[68] *ÖNORM B 4400*: Erd- und Grundbau – Bodenklassifikation für Bautechnische Zwecke und Methoden. Österreichisches Normungsinstitut, Wien 1978-11-01.

[69] *ÖNORM B 5300*: Fenster – Allgemeine Anforderungen. Österreichisches Normungsinstitut, Wien 2002-02-01.

[70] *ÖNORM B 5301*: Lawinenschutzfenster und -türen – Allgemeine Festlegungen, Anforderungen und Klassifizierung. Österreichisches Normungsinstitut, Wien 2003-05-01.

[71] *ÖNORM B 5302*: Lawinenschutzfenster und -türen – Prüfverfahren. Österreichisches Normungsinstitut, Wien 2003-05-01.

[72] *ÖNORM B 5306*: Fenster; Benennungen mit Definitionen. Österreichisches Normungsinstitut, Wien 1990-12-01.

[73] *ÖNORM B 5310*: Fenster; Einbaumaße. Österreichisches Normungsinstitut, Wien 1984-07-01 zurückgezogen.

[74] *ÖNORM B 5312*: Holzfenster – Konstruktionsregeln. Österreichisches Normungsinstitut, Wien 1992-12-01.

[75] *ÖNORM B 5315-1*: Holzfenster – Konstruktionsbeispiele für Dreh-, Kipp- und Drehkippfenster – Einfachfenster. Österreichisches Normungsinstitut, Wien 1993-05-01.

[76] *ÖNORM B 5315-2*: Holzfenster – Konstruktionsbeispiele für Dreh-, Kipp- und Drehkippfenster – Verbundfenster. Österreichisches Normungsinstitut, Wien 1993-05-01.

[77] *ÖNORM B 5320*: Bauanschlussfuge für Fenster, Fenstertüren, Türen und Tore in Außenbauteilen – Grundlagen für Planung und Ausführung. Österreichisches Normungsinstitut, Wien 2000-12-01.

[78] *ÖNORM B 5320 Bbl 1*: Bauanschlussfuge für Fenster, Fenstertüren, Türen und Tore in Außenbauteilen – Grundlagen für Planung und Ausführung – Beispiele. Österreichisches Normungsinstitut, Wien 2000-12-01.

[79] *ÖNORM B 6000*: Werkmäßig hergestellte Dämmstoffe für den Wärme- und/oder Schallschutz im Hochbau – Arten und Anwendung. Österreichisches Normungsinstitut, Wien 2003-02-01.

[80] *ÖNORM B 8110-1*: Wärmeschutz im Hochbau – Teil 1: Anforderungen an den Wärmeschutz und Nachweisverfahren. Österreichisches Normungsinstitut, Wien 2000-09-01.

[81] *ÖNORM B 8110-2*: Wärmeschutz im Hochbau – Teil 2: Wasserdampfdiffusion und Kondensationsschutz. Österreichisches Normungsinstitut, Wien 1995-12-01 zurückgezogen.

[82] *ÖNORM B 8115-4*: Schallschutz und Raumakustik im Hochbau – Teil 4: Maßnahmen zur Erfüllung der schalltechnischen Anforderungen. Österreichisches Normungsinstitut, Wien 2003-09-01.

[83] *ÖNORM EN 947*: Drehflügeltüren – Ermittlung der Widerstandsfähigkeit gegen vertikale Belastung. Österreichisches Normungsinstitut, Wien 1999-03-01.

[84] *ÖNORM EN 948*: Drehflügeltüren – Ermittlung der Widerstandsfähigkeit gegen statische Verwindung. Österreichisches Normungsinstitut, Wien 1999-10-01.

[85] *ÖNORM EN 1026*: Fenster und Türen – Luftdurchlässigkeit – Prüfverfahren. Österreichisches Normungsinstitut, Wien 2000-10-01.

[86] *ÖNORM EN 1027*: Fenster und Türen – Schlagregendichtheit – Prüfverfahren. Österreichisches Normungsinstitut, Wien 2000-10-01.

[87] *ÖNORM EN 1063*: Glas im Bauwesen – Sicherheitssonderverglasung – Prüfverfahren und Klasseneinteilung für den Widerstand gegen Beschuss. Österreichisches Normungsinstitut, Wien 2000-02-01.

[88] *ÖNORM EN 1191*: Fenster und Türen – Dauerfunktionsprüfung – Prüfverfahren. Österreichisches Normungsinstitut, Wien 2000-05-01.

[89] *ÖNORM EN 1522*: Fenster, Türen, Abschlüsse – Durchschusshemmung – Anforderungen und Klassifizierung. Österreichisches Normungsinstitut, Wien 1999-01-01.

[90] *ÖNORM EN 12207*: Fenster und Türen – Luftdurchlässigkeit – Klassifizierung. Österreichisches Normungsinstitut, Wien 2000-02-01.

[91] *ÖNORM EN 12208*: Fenster und Türen – Schlagregendichtheit – Klassifizierung. Österreichisches Normungsinstitut, Wien 2000-02-01.
[92] *ÖNORM EN 12210*: Fenster und Türen – Widerstandsfähigkeit bei Windlast – Klassifizierung (EN 12210:1999 + AC:2002). Österreichisches Normungsinstitut, Wien 2002-12-01.
[93] *ÖNORM EN 12400*: Fenster und Türen – Mechanische Beanspruchung – Anforderungen und Einteilung. Österreichisches Normungsinstitut, Wien 2003-02-01.
[94] *ÖNORM EN 12519*: Fenster und Türen – Terminologie (mehrsprachige Fassung: de/en/fr). Österreichisches Normungsinstitut, Wien 2004-05-01.
[95] *ÖNORM EN 13115*: Fenster – Klassifizierung mechanischer Eigenschaften – Vertikallasten, Verwindung und Bedienkräfte. Österreichisches Normungsinstitut, Wien 2001-11-01.
[96] *ÖNORM EN 13556*: Rund- und Schnittholz – Nomenklatur der in Europa verwendeten Handelshölzer. Österreichisches Normungsinstitut, Wien 2003-09-01.
[97] *ÖNORM EN ISO 13788*: Wärme- und feuchtetechnisches Verhalten von Bauteilen und Bauelementen – Raumseitige Oberflächentemperatur zur Vermeidung kritischer Oberflächenfeuchte und Tauwasserbildung im Bauteilinneren – Berechnungsverfahren (ISO 13788:2001). Österreichisches Normungsinstitut, Wien 2002-01-01.

PROSPEKTE

[98] *Bramac Dachsysteme International GmbH*. Pöchlarn (A).
[99] *Holzbetriebe Vogl-Schwarz GmbH*. Deutsch-Wagram (A).
[100] *IFN-Internorm Bauelemente GmbH & Co. KG*. Traun (A).
[101] *IFN-Internorm Bauelemente GmbH & Co. KG*: Fenster und Ideen. Wien (A).
[102] *IPM-Schober Fenster GmbH*. Thalheim bei Wels (A).
[103] *Jansen AG – Stahlröhrenewerk, Kunststoffwerk*. Oberriet SG (CH).
[104] *Mayer & Co. Beschläge GmbH*. Salzburg (A).
[105] *profine GmbH*: Trocal Profilsysteme. Troisdorf (D).
[106] *Solarux Aluminium Systeme GmbH*. Bissendorf (D).
[107] *Velux GmbH*. Wolkersdorf (A).

INTERNET

[108] *Archmatic*: http://www.bauzentrale.com. Neustadt.
[109] *Eckelt Glas GmbH*: http://www.eckelt.at. Steyr.
[110] http://usine.duval.free.fr/brise_soleil.htm.
[111] *Villes en France*: http://www.villes-en-france.org/histoire/Corbu13.html. Marseille.
[112] *Warema Renkhoff GmbH*: http://www.warema.de. Marktheidenfeld.

SACHVERZEICHNIS

a-Wert 61
Abdichtung 135
Abmessung 20
Abschattungsmaßnahme 82
Absorption 62
Abstandhalter 46
Abstandhalterrahmen 109
Abtropfkante 147
Aluminium 40
Aluminiumfenster 124, 143
Aluminiumfensterprofil 41
Anschlag 2
Anschlagdichtung 83
Anschlussfuge 141, 146
Architekturlichte 19
Argon 78
Aufenthaltsraum 22
Ausführungsplan 19
Ausgleichsfeuchtigkeit 34
Außenanschlag 15, 16
Außenjalousie 71
Außenscheibe 116
äußere Abdichtungsebene 135

Bandeisen 137
Bandfenster 4, 6, 7, 14
Bauablauf 17
Bauanschlussfuge 87, 88
Baukörperanschluss 135
Baurichtmaß 141
Bautoleranz 16
Bauwerksverformung 136
Beanspruchungsgruppe 145
Beanspruchungsklasse 55, 56, 57, 91
Bedienkraft 93, 125
Befestigungsmittel 16
Befestigungstechnik 136
Behaglichkeit 58
Belichtung 22, 64
Belüftung 22
Beschattung 64
Beschattungseinrichtung 75
Beschichtung 38
Beschichtungstechnologie 63
Beschlag 121, 122, 124
Beschussart 95
Bewegungsausgleich 141
Bewegungsfuge 143
Bildschirmarbeitsplatz 74
Bläuepilz 36
Blendschutz 1, 65, 71, 72, 73, 103
Blendung 72
Blindrahmen 143
Blindstock 15, 16, 17, 140, 142

Blindstockmontage 136, 140
Borosilicatglas 113
Branddauer 113
Brandfortleitung 113
Brandgasdurchtritt 113
Brandschutz 1, 88
Brandschutzglas 106, 113
Brandüberschlag 88
brise-soleil 66
Bruchbild 98
Brüstung 23
Brüstungshöhe 64
Bürstendichtung 58
Butyl 109

chemischer Holzschutz 32
Courtainwall-Fassade 9

Dachflächenfenster 31, 127, 128
Dämmstoffeinlage 46
Dampfdruckausgleich 36, 115
Dauerfunktionsprüfung 123
Daylight-System 74
Deckschale 115
Deckschicht 63
Dichtebene 29
Dichtprofil 115
Dichtstoff 115, 145
Dichtstoffsystem 115
Dichtung 58
Dichtungsbahn 143, 146
Dichtungsband 146
Dichtungsebene 109
Dichtungssystem 92
Dichtungszone 17
Dickbeschichtung 38
Differenzdruckbeiwert 117
Dilatationsfuge 147
Dimensionierung 2
direkter Lichteinfall 21
Distanzklotz 114
Doppelfenster 28, 76
Doppelscheibeneffekt 62
Dosierlüfter 61
Drahtglas 110, 113
Drahtspiegelglas 110
Dreh-Kipp-Fenster 26, 126, 127
Drehbeschlag 122, 123
Drehflügelfenster 25
Dreiecksfuge 144
Dreifach-Isolierglas 87, 110
Dreiflankenfuge 144
Dreiflügeliges Fenster 26
Dreikammersystem 44

Dreischeibenisolierverglasung 78
Dübel 137
Dünnschichtlasur 39
Durchbiegung 91, 120
dynamische Flächenbelastung 94
dynamische Punktbelastung 94

Ebenenmodell des Fensters 135
Eckfenster 7
Ecklager 123, 124, 125
Eckverbindung 38, 45
Eckverbindungswinkel 124
Edelgasfüllung 78
Einbauhöhe 55
Einbaumaß 20
Einbausituation 11, 12, 13, 14
Einbohrband 123
Einbruchhemmung 112
Einfachdichtung 37
Einfachfenster 28
Einfachverglasung 29
Einfallwinkel 84
Einkammerfenster 44
Einkomponenten-Ortschaum 147
Einlassgetriebe 126
Einreiberverschluss 126
Einreichplan 19
Einscheibensicherheitsglas 98, 106, 111
Einscheibenverglasung 84
Einsicken 42
Einstemmband 123
elastischer Dichtstoff 144, 145
elastischer Anschluss 148
elektrooptische Beschichtung 66
Elektrostatikpulverauftrag 46
Eloxiervorgang 40
Emailliertes Glas 111
Energiedurchlassgrad 75
Energieeinsparung 58
Entwässerungsrost 17
Euro-Nut 37
Euronut-Bemaßung 122

Fallarmmarkise 70
Faltladen 72
Faltstore 102
Falz 29
Falzausbildung 28, 29
stehende Faser 50
Fasersättigung 35
Fassade 1, 97
Fassadenbau 46
Fassadenebene 14
Fassadengestaltung 5, 65
Fassadenkonzeption 72
Fassadenmarkise 101

Fassadenquerschnitt 1
Fassadenstruktur 15
Fenster als Schlitz 8
Fenster als transparente Wand 8
Fenster in der Moderne 2
Fensteranschluss 90
Fensterbank 17, 146, 147
Fensterbankanschluss 148
Fensterbeschlag 83
Fensterebene 138
Fenstereinbau 17, 148
Fensterfalz 28
Fenstergestaltung 5
Fensterglas 106
Fensterladen 72
Fensteröffnung 2, 13, 72
Fensterrahmen 147
Fensterrahmenanteil 64
Fenstertür 27
Fenstertype 14, 25
Fensterwaschanlage 99
Fertigungstoleranz 139
Festigkeit 55
festsitzender Ast 50
feuchtigkeitsbedingte Längenänderung 137
Feuchtigkeitsschutz 88
Filterwirkung 9
fixer Sonnenschutz 66
Flachglas 105
Flammenüberschlag 113
Flankenhaftung 144
flexibler Sonnenschutz 69
Floatglas 106, 119
Fluchtweg 71
Flügel 17, 83
Flügellast 36
Flügelgewicht 124
Flügelprofil 17, 44
Flügelzwischenraum 30
fotokatalytischer Effekt 96
Freon 110
Friese 29
frontalen Durchbiegung 57
Fugenabdichtung 16
Fugenausbildung 17
Fugenbreite 143, 144, 145
Fugendichtung 29
Fugendichtungsband 143, 146
Fugendurchlässigkeit 28, 57, 61
Fugenlüftung 61
Fugentiefe 146
Füllschaum 146
Funktion 55
Funktionsbereich 135, 136
Funktionsglas 66, 67, 68
Funktionsschicht 63
Funktionssicherheit 123

Sachverzeichnis

G-Verglasungen 113
g-Wert 65, 69
Gasfüllung 78, 85
Gebäude-Lüftungssystem 61
Gebäudeansicht 1
Gebäudeform 55
Gebäudehöhe 55, 57
gehärtetes Glas 106
Geländeform 57
Geländer 23
Gelenkarmmarkise 70, 100
geografische Lage 55
Gesamtenergiedurchlassgrad 65, 75, 82, 110
geschäumte Kunststoffschale 47
geschützte Lage 59
Gesichtsfeld 72
Glas-Gewichtsharfe 92
Glasart 64, 107, 108
Glasdickenbemessung 116, 118, 121
Glaseinbau 114
Glashalteleiste 115, 116
glasleistenloser Einbau 115
Glassplitter 111, 112
Glasstatik 116
gleitender Abschluss 148
Grenzabmaße 139
Gussglas 106, 110

Haftschicht 63
Haftvermittler 145
Harzanteil 32
Hauptfenster 21
Hebedrehtür 27
Hebekippschiebebeschlag 122
Hexafluorid 85
Himmelsrichtung 64
Hinterfüllprofil 141
Hirnholz 38
Hitzestrahlung 113
hochwärmegedämmtes Profil 47, 49
Hohlkammerprofil 83
holografisches Funktionsglas 67
Holz zerstörende Insekten 36
Holz zerstörende Pilze 32, 36
Holz-Aluminiumfenster 42
Holz-Aluminiumfensterprofil 42
Holz-Kunststoff 47
Holz-Verbund-Aufbau 49
Holzabbau 39
Holzart 32, 39
Holzfaser 48
Holzfehler 36
Holzfenster 39, 124
Holzfensterbank 148
Holzfeuchtigkeit 34
Holzflader 50
Holzrahmen 80

Holzriegelbauweise 140
Holzschutz 39
Holzwerkstoff 32
Holzwurm 36
Horizontallamellen 68
hydrophile Beschichtung 97

Immissionsfläche 82
imprägniertes Dichtungsband 145
Innenanschlag 14, 15
Innenluftbedingung 89
innere Dichtebene 90
integrierter Sonnenschutz 67
Isolierglas 31, 75, 106
Isolierglaseffekt 62, 63
Isolierglasfenster 37
Isolierverglasung 31, 84, 90, 109

Jalousie 71, 74

Kanteln 35
Kantengetriebe 126
Kastenfenster 28, 30, 71, 75, 76, 87
Kipp-Schiebe-Beschlag 127
Kipp-Schiebe-Elementfenster 28
Klappfensterladen 72
Klassifizierung 57, 59, 95
Klebetechnologie 38
Klimabelastungsprüfung 98
Klotzung 114, 115
Klotzungsart 114
Klotzungsmöglichkeit 115
Knickarmmarkise 70
Koextrusion 44
Kondensat 91, 148
Kondensatbildung 30, 42, 49, 60, 88, 89, 116
Kondensationsschutz 90
Kondensatprüfstand 90
kontrollierter Luftaustausch 28
Konvektion 78, 90
Koordinationsmaß 20, 140
Koordinierungsmaß 19
Korrosionsschutz 40
Korrosionsverhalten 122
Kraftaufwand 93
Krypton 78
Kunstlicht 74
Kunststeinbank 148
Kunststoff-Aluminium 47
Kunststoff-Fenster 45, 124, 143
Kunststoffabstandhalter 42
Kunststoffdispersionsleim 38
Kunststofffensterbank 148
Kunststoffprofilherstellung 43
Kunststoffrahmen 80

Lackierung 38
Lage des Fensters 10

Lamellen 73
Lamellenstore 71, 72, 73
Lamellenstoresystem 69
Längenänderung 137
Langfenster 3, 4
Lasierung 38, 39
Lastabtragung 137
Lasursystem 39
Laubhölzer 33
Lawinengefahrenzone 94
Lawinenschutzfenster 94, 95
Leibung 10
Leibungstiefe 14, 64
Leichtwandkonstruktion 140
Leimauftrag 38
Lichtdurchlässigkeit 70, 73, 110
Lichteinfall 21, 69
Lichtführungskonzept 65
Lichtlenkjalousie 74
Lichtlenksystem 73
Lichtprisma 21
Lichtreflexionswert 69
Lichttransmission 75
Lichttransmissionswert 69
Ligninabbau 39
Lochfenster 5, 6, 14
Luftdichtheit 10, 57, 135
Luftdurchlässigkeit 55, 59, 61
Luftfeuchtigkeitsklasse 88
Luftpolster 91
Luftschallbrücke 70
Lüftungsart 60
Lüftungselement 88
Lüftungsqualität 60
Lüftungswärmeverlust 61
Luftwechselzahl 60

Markise 70, 100, 101
Markisolette 70, 100
Mauermörtel 140
maximale Durchbiegung 120
mechanische Beanspruchung 55, 92
Mehrfachverriegelung 127
Mehrkammerprofil 44
mehrschalige Wandkonstruktion 138
Mehrscheiben-Isolierglas 58, 109
Mehrschicht-Profil 49
Minizinken 35
Mikrozinken 35
Mindestdrehmoment 93
Mitteldichtung 37, 58
Montage 139
Montage-PU-Schaum 148
Montageschaum 137, 147
Montagewinkel 135
Museumsbau 8

nachhaltigen Planung 9
Nachtabsenkung 90
Nadelholz 34
Normalglas 106
Notraffsystem 71

Oberflächentemperatur 88, 91
Oberlichte 127
Öffnungsart 25, 30
Oliven 125
optischen Verzerrung 105
Ornamentglas 106
Ortschaum 146

Parapethöhe 19
passiv-solarer Energiegewinn 73
Permanentlüftung 58
Pfosten 26
Pigmentierung 39
Pilzbefall 90
pneumatischer Bedienknopf 98
Polierplan 19
Primer 145
Profilbezeichnung 18
Profilform 46
Profilgestaltung 36
Profilquerschnitt 116
Prüfdruck 57
Pulverbeschichtung 40, 41
Punktast 50
Putzmörtel 140

Raffstore 71, 102
Rahmen 17
Rahmenanteil 81
Rahmenbefestigung 137, 138
Rahmendurchbiegung 91
Rahmenkonstruktion 138
Rahmenprofil 138
Rahmenstock 14
Rahmenwerkstoff 85
Randbereich 55, 117, 119
Randdämpfung 85
Randverbund 75, 78
Rauchschutzvorrichtung 92
Raumabschluss 72
Raumaufheizung 82
Raumbehaglichkeit 10
Raumklima 135
Raumverdunklung 73
Reflexion 62, 64, 70, 72
Reflexionsgrad 64, 70
Regelbereich 55, 56
Regenschutzschiene 36, 37
Reinigungsmöglichkeit 31
Resonanz 85
resultierendes Schalldämm-Maß 83

Sachverzeichnis

Rettungsweg 113
Rigol 17
Rohbau 83
Rohbauhöhe 19
Rohbaukonstruktion 14, 15, 16
Rohbautoleranz 17
Rollenverriegelung 126
Rollladen 70, 103
Rollladenkasten 70, 71, 138
Rollos 102

schädlicher Kondensatbefall 90
Schalldämm-Maß 58, 84, 86
Schalldämmung 58
Schalleinfallsrichtung 84
Schallschutz 1, 55, 83
Schallschutzfenster 17, 31, 47
Schattenwirkung 64
Schaumkunststoff 143, 145
Schaumstoff-Füllband 146
Scheibenabmessung 117
Scheibendicke 121
Scheibengröße 114
Scheibenzwischenraum 31, 62, 71, 75, 77, 85, 109, 110
Scherenlager 123, 124, 125
Schiebebeschlag 122
Schiebefenster 26
Schiebeflügel 32
Schiebegestänge 122
Schiebeladen 72, 103
Schimmelbildung 60, 89
Schlagbelastung 94
Schlagfestigkeit 111
Schlagregendichtheit 15, 55, 57, 58, 59, 60
Schließblech 123
Schließmoment 93, 125
Schnittkantenbereich 55, 56
Schrägverglasung 96, 116, 119
Schusssicherheit 94, 95, 96
schwarzer Flügelast 50
Schwefelhexafluorid 110
Schwelle 17
Schwingflügelbeschlag 122
Schwingflügelfenster 27, 128
seitlicher Lichteinfall 21
Selbstreinigung 94, 96, 97
Selbstreinigungseffekt 96
Selektivitätskennzahl 62
senkrechte Verglasung 117
Senkrechtmarkise 70
Sicherheitsfolie 98
Sogbeanspruchung 57
sommerliche Überwärmung 75
Sonnenenergiestrahlen 62
Sonnenschutz 1, 65, 66, 69, 70, 71
Sonnenschutzglas 106, 112

Spaltlüftung 59
speicherwirksame Masse 82
Splitterbindung 112
Splitterindikator 95
Stahlprofil 46
statische Flächenbelastung 95
statische Verwindung 92
Stock 37, 83
Stockmontage 140
Stockprofil 122
Stockrahmen 140
Storenkasten 71
Strahlungsaustausch 75, 78
Strahlungstransmission 65
stranggepresstes Profil 42
Strangpressverfahren 40
Stulpfenster 26
Sturz 19

Tageslicht 70, 72, 74
Taupunkt 89
Taupunkttemperatur 91
Tauwasserbildung 28, 58, 81, 91
teilvorgespanntes Glas 113
temperaturabhängiges Funktionsglas 67
Temperaturwechsel-Beständigkeit 111
Terminologie 18
thermische Trennung 46
thermische Längenänderung 137
thermochrome Schicht 67
thermotrope Schicht 67
Thiokol 109
Toleranz 139
Toleranzbereich 16
Tragklotz 138
Transmission 62
transparente Fassadenkonstruktion 9
Trockenverglasung 115
Trocknungsmittel 75
Typenentwicklung 25

Überhangblech 148
Umlenkstore 74
UV-Schutz 38

Verbundfenster 28, 31, 38, 75, 77
Verbundglas 95, 106, 116
Verbundsicherheitsglas 98, 106, 112
Verbundverglasung 84
Verbundwerkstoff 48
Verformungsklasse 57
Verglasungseinbau 116
Verriegelung 126
Verriegelungszapfen 122
Verschlusstechnik 88
Vertikallast 93
Verwindung 93
Vielfach-Verriegelung 121

Voranstrich 115
vorgespanntes Glas 106
Vorhangfassade 40
Vorsatzschale 35, 83

Wärmeausdehnung 137
Wärmebrücke 42, 58, 75, 76, 78, 90
Wärmebrückeproblem 90
Wärmedämmverbundsystem 147
Wärmedurchgangskoeffizient 77, 79, 81
Wärmedurchlasswiderstand 77, 79
Wärmefalle 82
Wärmerückgewinnung 10
Wärmeschutz 1, 55
Wärmeschutzbeschichtung 78
Wärmeschutzglas 106
Wärmeschutzprüfung 99
Wärmeschutzschicht 62
Wärmeschutzwert 76
Wartung 123
Wasserableitung 31
Wasserdampfausgleich 146
Wasserdampfgehalt 88, 89

Wendefenster 27
Werkplanung 16
Wetterschenkel 135
Wetterschutz 135, 136
Windbeanspruchung 55, 91, 116, 117
Windgeschwindigkeit 55
Windwirkung 55
Winkeltoleranz 139
winterlicher Wärmeschutz 75
Witterungsbeanspruchung 1
Witterungsschutz 40

Xenon 78

Ψ-Wert 78

Zapfenband 123
Zapfenverbindung 38
Zinkung 50
zulässige Biegezugspannung 116, 117
zulässige Spannung 120
Zusatzbauteil 88
Zweifach-Isolierglas 87, 110
zweischaliges Profil 46